科学出版社"十四五"普通高等教育研究生规划教材
电子科技大学"十四五"规划研究生教育精品教材

CMOS 射频集成电路工程实践

游 飞 吴 涛 何松柏 马明明 编著

科学出版社

北 京

内 容 简 介

　　本书从 CMOS 射频集成电路设计的角度出发,介绍了 CMOS 射频集成电路的相关知识和仿真方法,主要内容包括:CMOS 射频集成电路的设计流程、设计环境、相关软件的操作方法,以及常用射频集成电路的设计、仿真和版图实例等。通过对本书的学习,读者可以熟悉 CMOS 射频集成电路的完整设计流程,按照书中的操作步骤可以了解 CMOS 射频集成电路的仿真过程,提高实践动手能力。

　　本书内容对初学 CMOS 射频集成电路设计与仿真的读者,特别是高等院校电路与系统、微电子学与固体电子学等专业的学生以及射频领域电路设计的工程师,都会提供有益的帮助。

图书在版编目(CIP)数据

　　CMOS 射频集成电路工程实践/游飞等编著. —北京:科学出版社,2022.8
　　科学出版社"十四五"普通高等教育研究生规划教材・电子科技大学"十四五"规划研究生教育精品教材
　　ISBN 978-7-03-072684-1

　　Ⅰ. ①C… Ⅱ. ①游… Ⅲ. ①CMOS 电路-射频电路-电路设计-研究生-教材 Ⅳ. ①TN432.02

　　中国版本图书馆 CIP 数据核字(2022)第 113316 号

责任编辑:潘斯斯 / 责任校对:郝甜甜
责任印制:张 伟 / 封面设计:迷底书装

科学出版社 出版
北京东黄城根北街 16 号
邮政编码:100717
http://www.sciencep.com

北京盛通商印快线网络科技有限公司 印刷
科学出版社发行　各地新华书店经销
*

2022 年 8 月第 一 版　　开本:787×1092　1/16
2023 年 1 月第二次印刷　　印张:13 1/2
字数:346 000

定价:88.00 元
(如有印装质量问题,我社负责调换)

前　言

"射频集成电路"课程是电子科学与技术学科的专业选修课，是射频电路设计方法在集成电路特定工艺下的应用课程，CMOS 作为消费类电子产品的常见工艺被当作射频集成电路设计的主要载体。电路与系统是电子科学与技术学科的重要分支，主要研究电路理论与设计方法、电路与信号处理、电路与系统架构、新材料与电路结构等内容。"射频集成电路"是新形势下电路与系统方向的重要专业课程，能够丰富培养方案中关于集成电路的相关课程，形成从数字到模拟、从低频到高频的完整体系。射频集成电路属于下一代移动通信、卫星通信、无人驾驶等行业的关键核心器件，加大对该方向的研发投入有助于相关行业形成核心竞争力。因此，培养具有射频集成电路设计专门知识的人才是高校相关专业的重要任务。

"射频集成电路"课程的传统教学仍然以 CMOS 射频集成电路设计的理论讲授为主，比较注重电路分析过程，而对设计实践环节的讲授较为薄弱。由于缺乏相关指导书籍与设计平台，学生对 CMOS 设计的环境和流程不太熟悉，也无法体会在 CMOS 射频集成电路设计流程中积累的大量设计经验是受到了工艺制程、规则与性能波动的影响。因此，编者根据射频集成电路设计的常见功能单元介绍 CMOS 射频集成电路设计的平台、环境与设计流程，用以弥补纯理论教学的缺点，鼓励学生动手做，从而破除阻挡 CMOS 射频集成电路设计学习的障碍。

全书分 7 章：第 1 章射频集成电路设计流程，介绍射频集成电路的概念、设计的挑战和流程，以及 CMOS 工艺；第 2 章 RFIC 设计环境，介绍主流的 RFIC 设计仿真软件，并给出简单的示例；第 3 章 CMOS 器件，介绍 CMOS 工艺中主要的无源器件和有源器件及模型；第 4～6 章，分别介绍 CMOS 低噪声放大器、混频器和功率放大器的设计基础与设计实例；第 7 章接收机的设计，介绍一个接收机功能芯片从原理、版图到测试的完整流程。

本书于 2019 年获电子科技大学研究生院组织的电子科技大学第二批研究生精品课程建设项目立项（"射频集成电路"研究生精品课程配套教材建设，项目编号：JPKC20192-7），在编写过程中持续得到研究生院的大力支持，并全额资助出版费用，特此感谢！编者在编写本书的过程中得到了电子科技大学数字射频混合集成电路团队（Smart Hybrid Radio Lab）全体师生的热心帮助，尚鹏飞同学提供了第 7 章的研究实例，秦荣兴、何倩、肖泽华、范瑶佳、陈雪蕾、陈茵、王瑜等同学提供了参考设计，在此一并表示感谢。

由于编者水平有限，书中难免存在不妥之处，敬请读者批评指正。

编　者
2021 年 10 月

目　　录

第1章 射频集成电路设计流程

1.1 RFIC 概述

集成电路(Integrated Circuits，IC)构筑了信息产业的基础元器件和核心电路单元。当前信息传递的主要途径包括无线通信、光纤通信、电缆通信等。其中，无线通信在无线接入局域网通信、移动通信、卫星通信、基站通信、专网通信场景中广泛应用，上述应用场景不断激励和牵引射频技术的发展方向。同时，射频技术的不断更迭和发展促进以收发前端为核心的通信系统深度进入单片集成化、数字化和系统化的阶段。

由于优越的高频性能，在微波、毫米波和亚毫米频段，基于Ⅲ-Ⅴ族化合物半导体的器件、电路和系统占领了高端市场，如砷化镓(GaAs)、氮化镓(GaN)或磷化铟(InP)的微波单片集成电路(Microwave Monolithic Integrated Circuit，MMIC)。然而，Ⅲ-Ⅴ族化合物半导体的 MMIC 价格昂贵，在数字运算、逻辑综合、混合信号处理等方面相对较弱且成本、体积不可接受，并且其单片系统(Single-Chip Systems)的集成能力有限。

基于硅(Si)基的互补金属氧化物半导体(Complementary Metal Oxide Semiconductor，CMOS)、双极互补金属氧化物半导体(Bipolar Complementary Metal Oxide Semiconductor，BiCMOS)和锗硅(SiGe)的工艺与器件的技术在过去几十年中也取得了显著进步。由于低成本、低静态功耗和出色的集成能力(尤其是 CMOS)，集成电路产品在数字信号处理、高速接口、工业传感器、车载雷达和终端产品等消费类电子市场中变得越来越重要。由其构成的射频集成电路(Radio Frequency Integrated Circuits，RFIC)有助于各种应用需求，具有高集成度、低成本、低功耗的显著优点。

目前，硅基器件在毫米波、亚毫米波频段展示了良好的性能；与非硅基半导体工艺相比，硅基半导体工艺成本更低，集成度更高，逻辑综合、数字信号处理和混合信号处理能力更加优越，因此，在无线通信、传感和网络方面开辟了许多应用场景。基于硅基的 RFIC，包括先进器件、单片子系统和系统级的工作已有大量报道与应用，在毫米波频率上仍具有良好的表现。

目前，与Ⅲ-Ⅴ族化合物半导体的 MMIC 性能相比，硅基 RFIC 器件在高频、高功率方面仍略有不及。但是，面对消费类电子产品市场万亿美元的庞大规模，硅基器件在推广成本以及与数字 IC 直接集成方面有着不可忽略的优势，仍然是商业市场的宠儿。

1.2 RFIC 设计的挑战

考虑到射频集成电路的功能特点和所处的设计频段，射频集成电路设计与传统的 CMOS 模拟和数字集成电路设计在方法和流程上有较大的区别，给初学者带来了多方面的挑战。

(1)由于需要不同的专业知识和分析工具，通常系统中的基带和模拟/射频集成电路这两部分是分开进行设计、仿真和验证的。数字电路设计方法一般都是自顶向下的模式，即由系统设计产生单元电路的规格，而模块设计师基于这个规格来设计子电路。模拟电路的设计大都缺少有效的手段在系统中进行验证，在射频(Radio Frequency，RF)频段中此问题尤其突出。因此，在系统级设计时，需要经验丰富的系统工程师或者精准的系统行为仿真模型，确定合适的算法和架构，实现链路预算，保证功能完整、性能可靠和较低的成本。

(2)高频的晶体管、电容、电感、变压器及传输线等，是 RF 设计中的关键部件。这些部件往往对整个电路的性能有非常大的影响。若工艺厂商提供的晶体管模型和介质参数不能准确满足应用场景的需求，还需要设计者利用电磁场仿真和综合算法，重新构建和补偿模型参数。

(3)需要对版图做非常精确的抽取。对于比较关键的走线和部件需要做三维电磁场分析。

1.3　RFIC 设计的流程

图 1-1 展示了利用 CMOS 工艺设计模拟/RFIC 的一般流程。该流程覆盖了自系统设计到物理实现的全部过程。

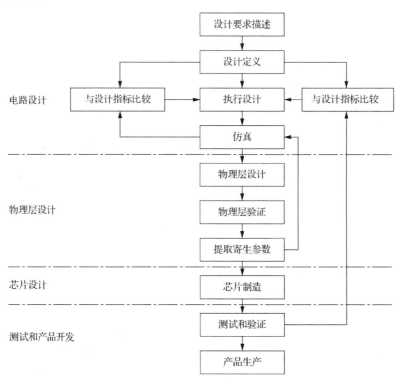

图 1-1　射频集成电路设计流程

该流程具体步骤如下。

(1)系统指标规划。根据系统的功能和相关技术指标进行顶层系统规划及功能模块划分，确定链路预算表并分配各个模块的性能指标。

(2)性能前仿真。根据代工厂(Foundry)提供的有源/无源器件模型，利用 EDA(Electronic Design Automation)工具，设计并验证功能模块电路的可行性(称为前仿真)；若不满足指标要求，则需要重新设计功能模块电路或返回系统规划，直到满足要求为止。

(3)性能后仿真。根据 Foundry 提供的工艺文件和电路原理图，利用 EDA 进行器件仿真和电路版图设计（需满足 LVS（Layout Versus Schematic）和 DRC（Design Rule Check）约束），然后进行寄生参数提取（Parasitic Extraction，PEX），并进行仿真（称为后仿真）；前、后仿真应该包括工艺角（Process Corncr）以及温度特性内容。

（4）加工及测试验证。生成 GDS 版图加工制造文件，并向代工厂提交（称为流片）。设计测试电路，对芯片原型进行测试并撰写报告。若测试结果满足指标，则芯片设计完成，单片验证通过，后续可考虑封装测试、小批量验证和量产；否则，重复（1）～（4）步骤。

1.4　CMOS 工艺

CMOS 电路发明于 20 世纪 60 年代，在 20 世纪 70 年代成为当时的主流集成技术。不过早期的 CMOS 技术是用来设计逻辑电路的，原因是它的低功耗和高集成度。随着 CMOS 晶体管沟道长度的不断减小，器件的工作速度以及特征频率不断提高，使 CMOS 器件能够应用于射频集成电路中。

1.4.1　CMOS 工艺的特点

1. 功耗低

图 1-2 所示的三种电路中，对于 NPN BJT 或者 NMOS 电路而言，输出低电平时都有电流流过，只有 CMOS 电路的静态功耗为零。

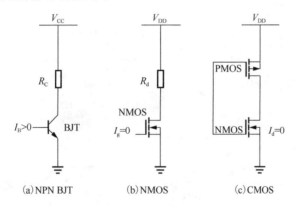

(a) NPN BJT　　　　(b) NMOS　　　　(c) CMOS

图 1-2　不同的电路形式

2. 尺寸缩放能力

CMOS 加工工艺按 3 年翻两番的速度发展，每下一步的栅宽约是上一步的 70%，如表 1-1 所示。

表 1-1　CMOS 工艺尺寸的演变过程

年度	1995 年	1997 年	1999 年	2001 年	2003 年	2005 年
特征尺寸	0.35μm	0.25μm	0.18μm	0.13μm	90nm	65nm
年度	2007 年	2009 年	2011 年	2013 年	2015 年	2017 年
特征尺寸	45nm	32nm	22nm	16nm	12nm	7nm

对于 NMOS 而言（如图 1-3 所示），其饱和区电流为

$$I_D = \frac{\mu_n C_{ox}}{2} \frac{W}{L} (V_{GS} - V_{TH})^2 \tag{1-1}$$

式(1-1)在第 3 章中将会详细介绍,这里只需注意 W 为栅宽,L 为栅长,其比值 W/L 称为尺寸缩放因子。

随着加工工艺的提升,除了可以实现更高的集成度以外,还能通过尺寸缩放,确保原电路的性能。

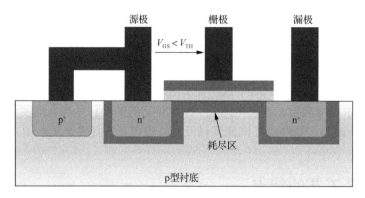

图 1-3　NMOS

3. 集成度

定义优值(Figure of Merit,FOM)为截止频率×击穿电压,不同工艺下晶体管集成度和优值之间的关系如图 1-4 所示。

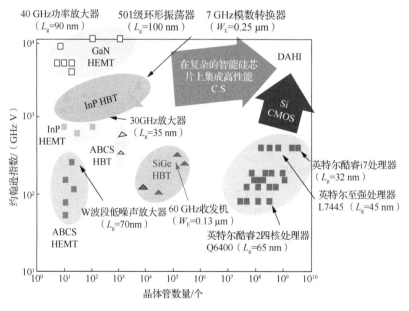

图 1-4　集成度与优值之间的关系

可见对于 Si MOSFET 而言,其集成度可以做得很高,但是其截止频率和击穿电压乘积相对其他工艺要低得多。

4. 成本和产能

图 1-5 给出了 CMOS 工艺在 180～14nm,每 1 美元能够生产的晶体管数量。

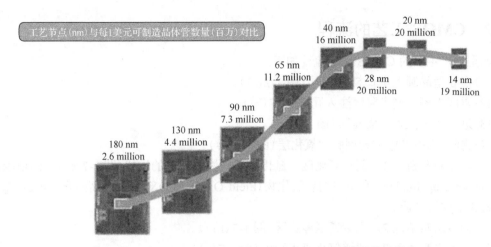

图 1-5　不同 CMOS 工艺下，每 1 美元能够生产的晶体管数量

注：终端设备对成本非常敏感；28 nm 工艺节点的 1 美元可制造晶体管数量最高

　　随着工艺的提升，虽然总的晶圆成本在增加，但因为集成度随之增加，每个单元的相对成本是不断降低的，如图 1-6 所示。

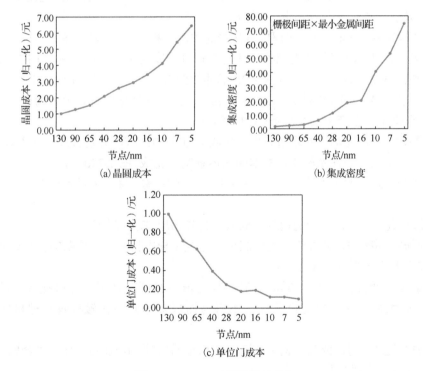

图 1-6　CMOS 工艺的相对成本

注：图中所示晶圆成本、集成密度、单位门成本以 130 nm 工艺节点归一化

　　在消费类电子领域，CMOS 工艺下的产品性能虽不是最优的，但成本却是最低的。所以对于 RFIC 设计的挑战是在当前 CMOS 技术下做出成本更低、性能更好的产品。

1.4.2 CMOS 工艺的流程

典型地，主要的 CMOS 工艺流程如下。

(1) 在 p 型晶圆上生长 SiO_2 薄层 (图 1-7(a))。

(2) 阱区光刻，刻出阱区注入孔 (图 1-7(b))。

(3) 进行离子注入形成 n-阱 (图 1-7(c))。

(4) 去除步骤 (2) 中的光刻胶和氧化层 (图 1-7(d))。

(5) 沟道阻断植入 1，创建氧化硅、氮化硅和正性光刻胶的堆栈 (图 1-7(e))。沟道阻断植入 (Channel-Stop Implant) 利用厚的场氧化物 (Field Oxide，FOX) 形成较高的开启电压 V_{th}，以避免寄生晶体管效应。

(6) 沟道阻断植入 2，光刻通道停止区 (图 1-7(f))。

(7) 沟道阻断植入 3，通道停止离子注入 (图 1-7(g))。

(8) 沟道阻断植入 4，去除光刻胶，生成厚的场氧化层 (图 1-7(h))。

(9) 沟道阻断植入 5，去除氮化硅保护层和薄氧化层，暴露出有源区 (图 1-7(i))。

(10) 栅氧化层的生长，用作栅极电介质 (TOX) 的栅极氧化物的生长 (图 1-7(j))。

(11) 阈值调节注入，在表面附近注入一层薄薄的掺杂剂调整自然阈值电压，使得 NMOS 和 PMOS 晶体管的阈值变得容易调节 (图 1-7(k))。

(12) 生成多晶硅 (Poly) 层，在栅极氧化物的顶部沉积一层多晶硅 (图 1-7(l))。

(13) n 型注入 1，沉积负性光刻胶，暴露所有用于接收 n^+ 注入的区域 (图 1-7(m))。

(14) n 型注入 2，离子注入形成 NMOS 晶体管的 S/D 区和 n-阱 (图 1-7(n))。

(15) n 型注入 3，去除光刻胶，形成自对准结构体，S/D 区恰好在植入栅极区域的边缘。光刻中的微小错位不会产生重大影响 (图 1-7(o))。

(16) p 型注入 1，光刻后暴露所有用于接收 p^+ 注入的区域，并进行离子注入 (图 1-7(p))。

(17) p 型注入 2，去除光刻胶，基本的晶体管制造完成 (图 1-7(q))。

至此，CMOS 工艺前端制造完成，主要形成有源区域。接下来进行后端制造，主要形成互连线。

(1) 金属硅化步骤 1，在硅的边缘形成氧化物隔离层 (图 1-7(r))。

(2) 金属硅化步骤 2，通过化学气相沉积工艺沉积导电材料，将掺杂的多晶硅和 S/D 区的薄层电阻减小大约一个数量级 (图 1-7(s))。

(3) 接触窗，用厚的 (300~500nm) 氧化物层覆盖晶圆，使用"接触掩膜"的光刻和等离子蚀刻出接触窗。为了提高可靠性，不将与栅极多晶硅的接触放置在栅极区域的顶部 (图 1-7(t))。

(4) 金属互连 1，用铝或铜在整个晶圆上沉积金属层 (图 1-7(u))。使用"金属 1 掩模"的光刻，选择性蚀刻金属 (图 1-7(v))。

(5) 过孔窗，用一层 SiN3 覆盖晶圆，使用"过孔掩膜"光刻并等离子蚀刻 (图 1-7(w))。

(6) 金属互连 2，在整个晶圆上沉积金属层 (图 1-7(x))。使用"金属 2 掩模"光刻并选择性蚀刻金属。每个附加的金属层都需要两个掩模："通孔掩膜"和"金属 n 掩膜" (图 1-7(y))。

(7) 钝化，晶圆上覆盖有一层玻璃或钝化层，可保护表面免受后续机械处理和切割造成的损坏 (图 1-7(z))。

(8)焊盘的接触窗(图 1-7(aa))。

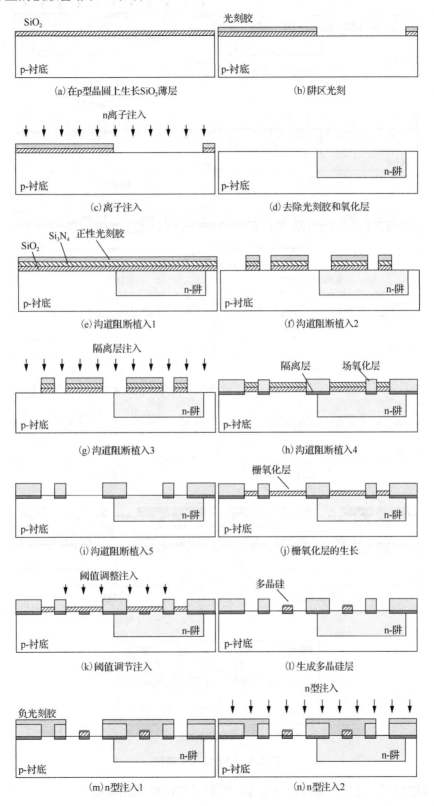

(a)在p型晶圆上生长SiO₂薄层　　　　(b)阱区光刻

(c)离子注入　　　　(d)去除光刻胶和氧化层

(e)沟道阻断植入1　　　　(f)沟道阻断植入2

(g)沟道阻断植入3　　　　(h)沟道阻断植入4

(i)沟道阻断植入5　　　　(j)栅氧化层的生长

(k)阈值调节注入　　　　(l)生成多晶硅层

(m)n型注入1　　　　(n)n型注入2

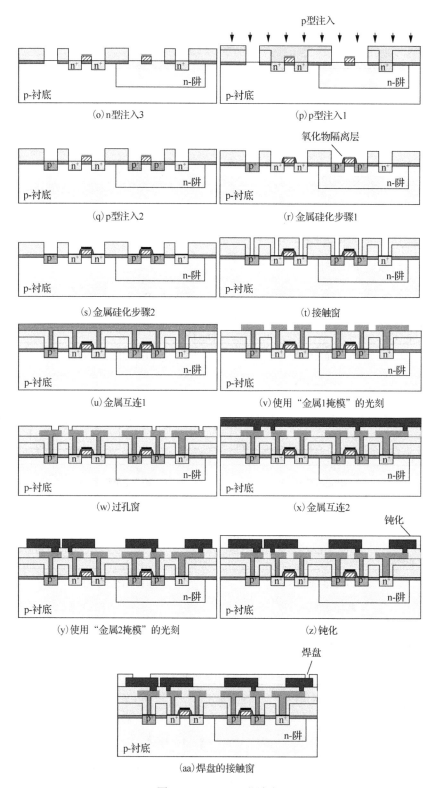

图 1-7 CMOS 工艺流程

最后经过切割、包装、黏合、测试等，得到了 CMOS 电路成品。

第 2 章　RFIC 设计环境

目前，由于目标电路指标要求越来越精细，电路功能越来越完整，集成电路设计的集成度和复杂度越来越高，而设计周期却越来越短，因此必须使用 EDA 工具进行集成电路设计，包括 RFIC 的设计。国内外各种工具不断涌现，如 Cadence 公司的 Virtuoso IC 软件、Keysight 公司的 ADS 软件和 Synopsys 公司的 Hspice 软件，以及国内北京华大九天科技股份有限公司（简称华大九天）（Empyrean）、湖北九同方微电子有限公司（Nine Cube）、芯和半导体科技（上海）有限公司（Xpeedic）等提供的集成电路设计工具等。

2.1　Cadence Virtuoso IC 设计环境举例

Cadence 公司的集成电路设计环境，采用 Cadence 公司的 Virtuoso IC 软件，完成原理图和版图的绘制；采用 Cadence 公司的 Spectre 工具，完成电路的仿真；最后采用 Mentor 公司的 Calibre 软件，完成版图中寄生参数的提取验证，如图 2-1 所示。

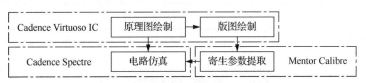

图 2-1　Cadence 的集成电路设计环境

下面将通过一个反相器设计的实例，带领读者熟悉 RFIC 设计的 Cadence Virtuoso IC 工作环境。工艺库采用的是 180 nm 工艺库。

2.1.1　启动 Cadence Virtuoso IC 平台

进入 Linux 系统（以 Centos7.6 为例），登录用户并输入密码，建立并进入工作目录（如 RFIC），并确保工作目录内有以下的文件，如图 2-2 所示。

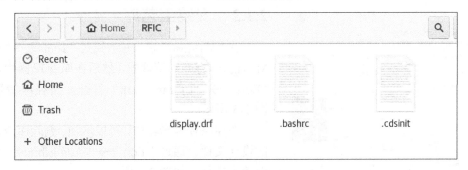

图 2-2　工作目录

两个文件".bashrc"和".cdsinit"是隐藏属性,可以通过快捷键 Ctrl + H 来显示。".bashrc"为系统环境变量配置文件,".cdsinit"为外置软件(如 Calibre 软件或 ADS 软件)集成到 Virtuoso IC 平台必备文件。

其余文件为工艺库相关文件,不同工艺库会略有不同。

首先,进行环境初始化。右击 RFIC 文件夹空白处打开终端界面,输入"source .bashrc"加载初始环境变量配置文件;然后输入"virtuoso"命令,启动 Cadence Virtuoso IC 平台,如图 2-3 所示(""不用输入,后同)。

图 2-3   终端中输入命令

注意:①终端(Terminal)一定要在工作目录下运行;②启动软件后,终端要保持打开,不能关闭。Cadence Virtuoso IC 的界面如图 2-4 所示。

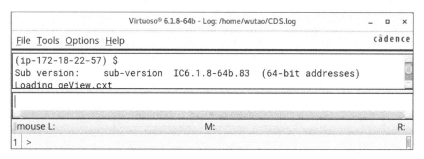

图 2-4   Cadence Virtuoso IC 的界面

在 CIW(Command in Window)窗口输入命令,可以改变字体大小等,例如,把字体大小改为 18 号。

```
"hiSetFont( "label" ?size 18 )"
"hiSetFont( "ciw" ?size 18 )"
```

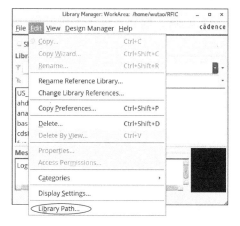

图 2-5   打开库路径编辑器

注意:软件交互信息将全部显示在 CIW 窗口中,包括软件启动情况、报错信息等。

2.1.2   安装工艺库

在"Virtuoso"窗口中,通过"Tools"→"Library Manager"打开库管理器。然后在库管理器中,通过"Edit"→"Library Path"打开库路径编辑器,如图 2-5 所示。

在库路径编辑器中,可以增加、删除库或者已有的设计文件。通过"Edit"→"Add Library"添加已有的库文件,如图 2-6 所示。

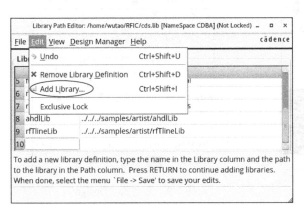 

(a)添加库文件操作示意　　　　　　　　　(b)选择待添加库文件

图 2-6　添加库文件

若要删除库文件，先选择待删除的库文件，右击，选择"Delete"即可，如图 2-7 所示。

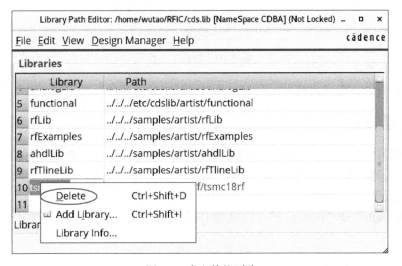

图 2-7　库文件的删除

库的增加或删减的信息保存后，会存储在"cds.lib"文件中，也可以编辑"cds.lib"文件来实现库的增加或删减。

2.1.3　新建工作库

在"Virtuoso"窗口中，通过"Tools"→"Library Manager"打开库管理器。然后在库管理器中，通过"File"→"New"→"Library"新建一个库，如图 2-8 所示。

将该库命名为"Design"，如图 2-9 所示。

弹出提示，选择"Attach to an existing technology library"，并指向工艺库，如图 2-10 所示。

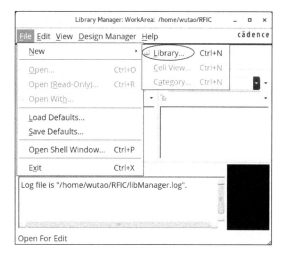

图 2-8　新建库（一）

图 2-9　命名为"Design"

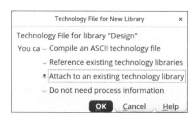

图 2-10　指向工艺库

以后所有的设计均放在该工作库中，并且电脑中会生成命名为"Design"的文件夹。

2.1.4　新建设计

在库管理器中，选中工作库（如 2.1.3 节中的"Design"），再通过"File"→"New"→"Cell View"新建一个"Cell"，并命名为"Invertor"作为反相器的设计，如图 2-11 所示。

1．放置元件

通过"Create"→"Instance"（快捷键 I）插入元件，如一个 NMOS 和一个 PMOS，如图 2-12 所示。

图 2-11　新建一个"Cell"

图 2-12　放置元件（一）

通过"Browse"找到需要放置的元件。这里放置"nmos3v"和"pmos3v"。小技巧是选择"Show Categories"展开分类，快速找到所需放置的元件，如图 2-13 和图 2-14 所示。

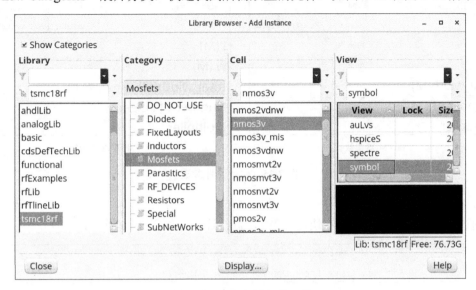

图 2-13　选择要放置的元件

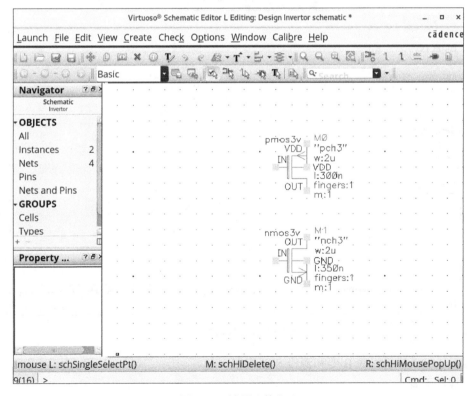

图 2-14　放置元件(二)

2. 修改元件参数

选择元件后，右击，选择"Properties"(快捷键 Q)修改元件参数，这里把"Number of Fingers"改为"1"，如图 2-15 所示。

CDF Parameter	Value
Model name	pch3
description	' nominal PMOS transistor
l (M)	300n M
w (M)	2u M
total_width(M)	2u M
Number of Fingers	1
Multiplier	1

(a) PMOS 参数

CDF Parameter	Value
Model name	nch3
description	' nominal NMOS transistor
l (M)	350n M
w (M)	2u M
total_width(M)	2u M
Number of Fingers	1
Multiplier	1

(b) NMOS 参数

图 2-15　修改元件参数

3. 连线

通过"Create"→"Wire"(快捷键 W),进行连线,如图 2-16 所示。

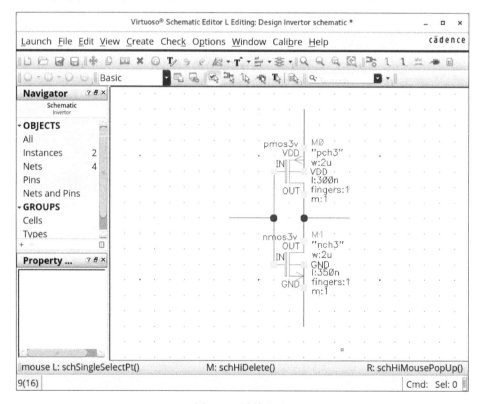

图 2-16　连线(一)

注意:MOS 管的衬底 B 要和源极 S 连接在一起。

4. 放置引脚

通过"Create"→"Pin"(快捷键 P),放置引脚,如图 2-17 所示。其中,输入端(IN)方向为"input",类型为"signal";输出端(OUT)方向为"output",类型为"signal",电源端(VDD)方向为"input output",类型为"power";地(GND)方向为"input output",类型为"groud"。

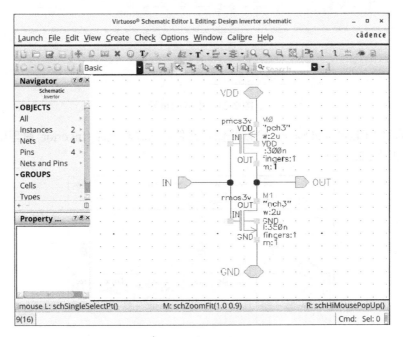

图 2-17　放置引脚(一)

通过"File"→"Check and Save"检查并保存文件(同时生成 netlist)，所有的信息会在 CIW 窗口中显示，若提示错误，需根据错误信息检查原理图并改正，否则后面的仿真无法进行，CIW 窗口中正确的显示如图 2-18 所示。

```
INFO (SCH-1170): Extracting "Invertor schematic"
INFO (SCH-1426): Schematic check completed with no errors.
INFO (SCH-1181): "Design Invertor schematic" saved.
```

图 2-18　Check and Save 的信息

5. 创建符号

通过"Create"→"Cellview From Cellview"创建符号，如图 2-19 所示。

符号布局设定如图 2-20 所示。

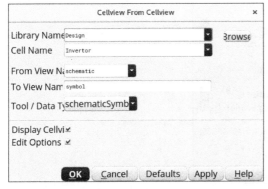

图 2-19　创建符号(一)

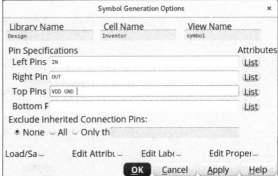

图 2-20　符号布局设定

生成的符号如图 2-21 所示。

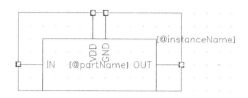

图 2-21　生成的符号

注意：通过"Check and Save"检查并保存文件，完成对电路(Invertor)原理图的搭建和符号的生成，如图 2-22 所示。

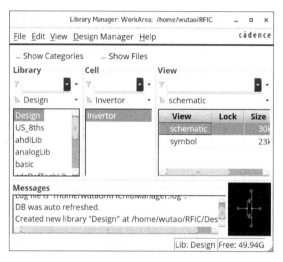

图 2-22　搭建电路原理图和生成符号

2.1.5　新建验证

关闭以上的原理图设计。在库管理器中，选择"Design"，新建"Cell"并命名为"Invertor_TestBench"，TestBench 即仿真测试之意。在该 cell 中进行对设计的仿真验证，如图 2-23 所示。

图 2-23　新建验证"Cell"

其中被测电路来自 2.1.4 节的设计，"vpulse"、"vdc"、"gnd"和"cap"的模型在"analogLib"库中，搭建好的验证电路如图 2-24 所示。

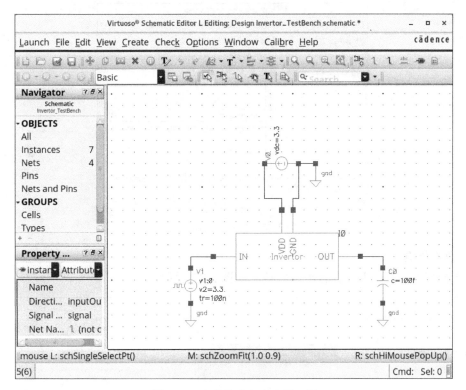

图 2-24　完整的验证电路原理图

C0 为负载电容，设为 100fF。"DC voltage"（直流电压源的电压）设置为"3.3 V"，脉冲电压 vpulse 的低电平、高电平、脉冲周期、延时、上升沿和下降沿，以及脉宽持续时间等指标的设置界面如图 2-25（b）所示。

CDF Parameter	Value
Noise file name	
Number of noise/freq	0
DC voltage	3.3 V
AC magnitude	
AC phase	

Voltage 1	0 V
Voltage 2	3.3 V
Period	2u s
Delay time	100n s
Rise time	100n s
Fall time	100n s
Pulse width	

（a）直流电压源"vdc"设置　　　　　　（b）脉冲电压源"vpulse"设置

图 2-25　电压源设置

除了可以直接连线以外，还可以通过"Create"→"Wire Name"（快捷键 L）实现电气连接。最后通过"Check and Save"检查并保存文件。

2.1.6　前仿真

在仿真之前，再次确认前面设计的电路和验证电路，执行"Check and Save"，若提示有问题（如端口断开等），需修改后再进行下一步。

1. 打开仿真器

通过"Launch"→"ADE L"打开仿真器，如图 2-26 所示。

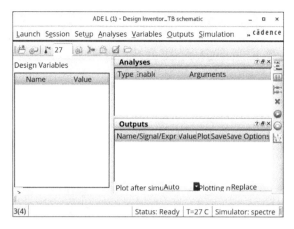

图 2-26　打开仿真器（一）

2. 直流仿真

先选择直流仿真，并保存直流工作点，如图 2-27 所示。

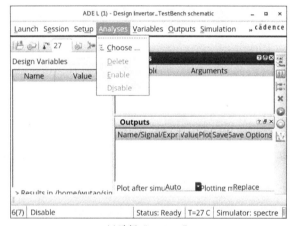

（a）选择"Analyses"

（b）选择仿真类型等参数设置

图 2-27　设定直流仿真

通过"Simulation"→"Netlist and Run"启动仿真，并等待仿真结束，如图 2-28 所示。

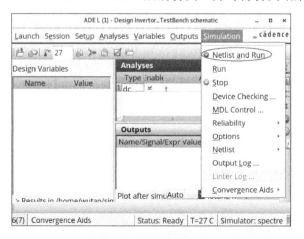

图 2-28　启动仿真（一）

显示直流工作点的结果，可以在原理图中，通过"View"→"Annotations"来进行直观查看，如图 2-29 所示。

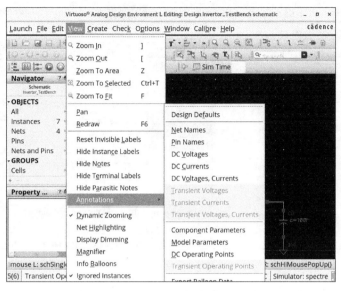

图 2-29　直流仿真结果查看

要查看更为详细的结果，可以通过在仿真器中选择"Results"→"Print"→"Model Parameters"，然后选择元件，将其所有模型参数进行显示。

3．瞬态仿真

瞬态仿真设定如图 2-30 所示，"Stop Time"（仿真时长）设置为"10u"，"Accuracy Defaults（errpreset）"（精度）为"moderate"（中等），如图 2-30 所示。

仿真结束后，通过在仿真器中选择"Results"→"Direct Plot"进行结果显示。选择要显示的内容，如图 2-31 所示。

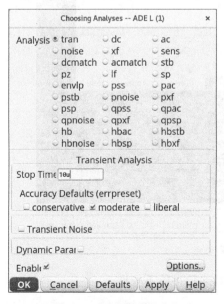

图 2-30　瞬态仿真设定

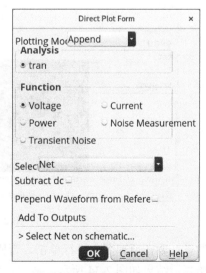

图 2-31　"Direct Plot Form"

通过"Outputs"→"Setup"添加要在输出中显示的节点电压，如图 2-32 所示。

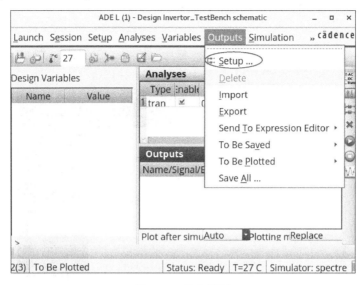

图 2-32　输出设置

通过"From Design"在原理图中单击输入、输出的节点电压作为显示的结果，如图 2-33 所示。

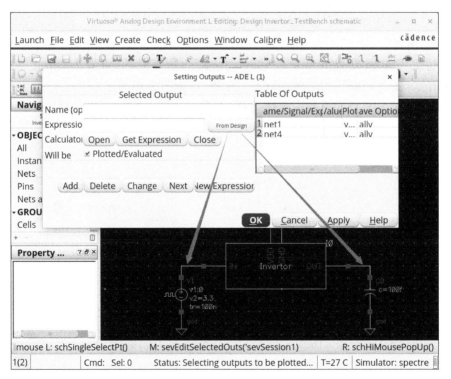

图 2-33　添加观察节点

注意：要在原理图中进行单击，否则显示的网络名称可能不一样。

仿真后结果如图 2-34 所示。

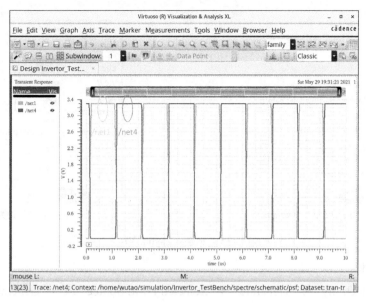

图 2-34 结果显示

注意：每次对原理图的修改，都需要执行"Check and Save"，否则仿真不能进行。

2.1.7 版图设计

在反相器设计的原理图中，通过"Launch"→"Layout XL"创建一个新的"Layout"，版图页面如图 2-35 所示。Virtuoso Layout 工作界面如图 2-36 所示。

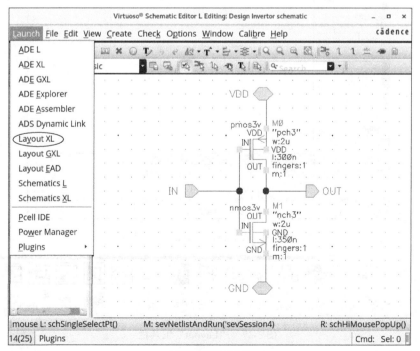

(a)菜单栏选项示意

（b）"Layout XL"初始设置

（c）"Layout XL"设置

图 2-35　新建"Layout XL"

1．放置元件

通过"Connectivity"→"Generate"→"Selected Form Source"或者"Generate Selected Form Source"从原理图中调入放置的元件 Layout，如图 2-37 所示。

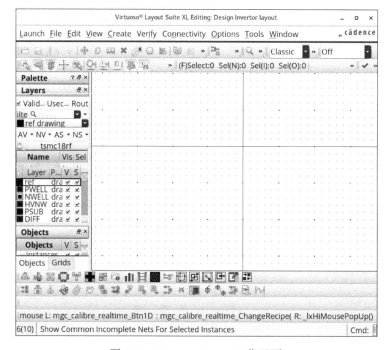

图 2-36　Virtuoso Layout 工作界面

图 2-37　"Layout"工具栏

通过快捷键 Ctrl＋F 仅显示元件外框，或者通过快捷键 Shift＋F 显示所有的层，如图 2-38 所示。

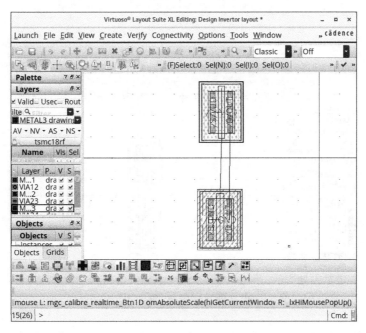

图 2-38　放置的元件

2. 修改选项

通过"Options"→"Display"可以修改显示参数。例如，修改最小间隔(X Snap Spacing，Y Snap Spacing)为 0.05 或 0.01，并显示网络连线，如图 2-39 所示。

图 2-39　修改显示选项

3. 连线

选择要放置连线的图层，通过快捷键(P)开始放置连线，通过回车键结束连线，如图 2-40

所示。

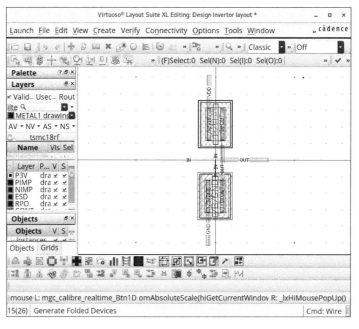

图 2-40　版图布局与连线

4. 添加引脚

通过快捷键(L)以 label 的方式添加引脚。IN 在多晶硅层(POLY1)，其余端口在金属 1 层
(METAL1)，如图 2-41 所示。

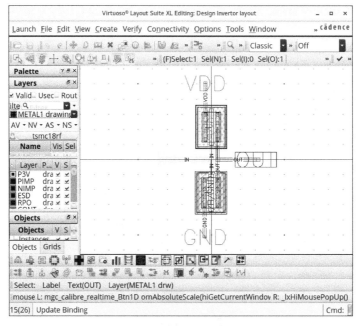

图 2-41　添加引脚

2.1.8　版图验证

1．DRC

DRC（Design Rule Check，设计规则检查），通过"Calibre"→"Run nmDRC"，选择 DRC 文件，并设置 Calibre 工作目录（Calibre_temp），用于放置 Calibre 临时文件和结果，该目录需要预先建立，如图 2-42 所示。

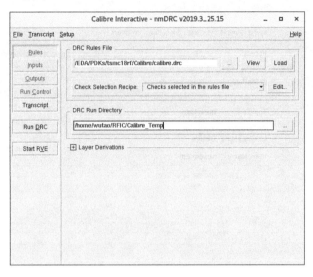

图 2-42　DRC 设置

其余保持默认设置，单击"Run DRC"进行 DRC 检查，检查完成会自动打开"RVE"显示结果。

2．LVS

LVS（Layout Versus Schematic）用来验证版图和原理图是否匹配。通过"Calibre"→"Run nmLVS"，首先加载"LVS Rules File"（规则文件），如图 2-43 所示。

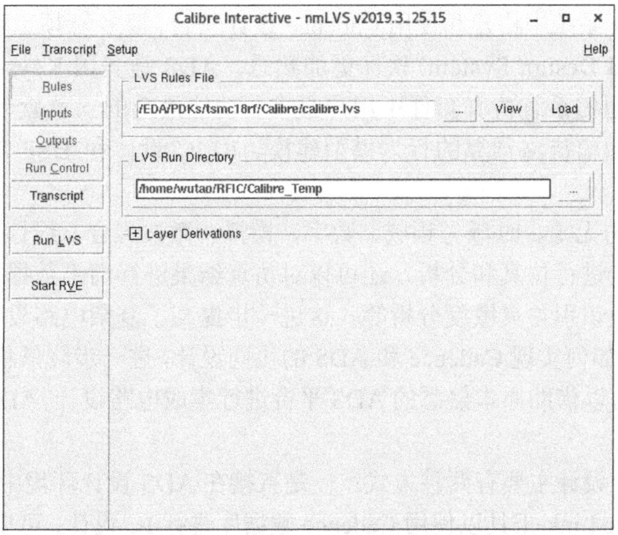

图 2-43　加载"LVS Rules File"

然后单击"Inputs",再单击"Netlist",选择"Export from schematic viewer",如图 2-44 所示。

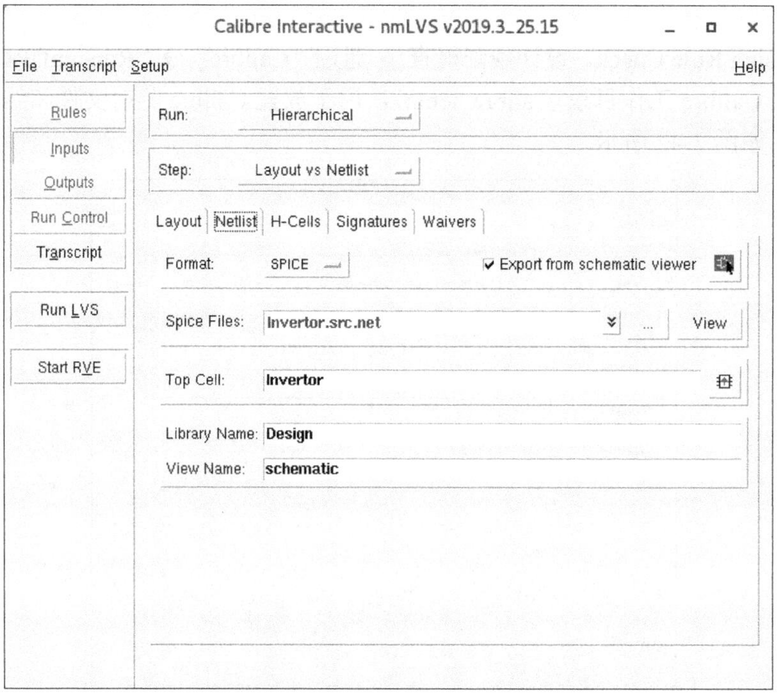

图 2-44 "Netlist"设置

其余保持默认设置,单击"Run LVS"进行 LVS 检查,检查完成会自动打开"RVE"显示结果。

2.2 Keysight ADS 设计环境举例

相比于在 Linuix 系统中构建和使用 Cadence 设计平台,很多射频工程师和相关领域从业者对 ADS(Advanced Design System)软件更加熟悉。ADS 是美国 Keysight(原 Agilent)公司推出的微波电路和通信系统仿真套件中用户最多、功能最全的一款软件,尤其在射频/微波电路设计和验证、通信链路预算的行为模型建模、RFIC 设计和 DSP 算法验证等方面比较专业。

ADS 可对有源与无源、时域与频域、数字、模拟、微波混合、线性与非线性、建模与去嵌、噪声等多种场景进行仿真和分析,还可以对仿真结果进行高维数据分析,包括成品率分析与优化、关键参数识别与灵敏度分析等。这进一步提高了复杂电路设计的可行性和效率。因此,本节重点介绍如何实现 Cadence 和 ADS 的协同设计,进一步降低集成电路的设计门槛,使得更多的从业者可以借助原本熟悉的 ADS 平台进行集成电路设计。ADS 启动界面如图 2-45 所示。

ADS 用于 RFIC 设计主要有两种方式:一是直接在 ADS 设计环境中进行 RFIC 设计;二是利用 ADS Dynamic Link 工具以使用 Cadence 数据库进行 IC 设计,可以在 ADS 中实现自上而下或自下而上的设计和仿真。

图 2-45　ADS 启动界面

2.2.1　ADS 仿真举例

1. 新建工程

在 ADS 主界面中，通过 "File" → "New" → "Workspace" 新建工程，如图 2-46 所示。将该项目命名为 "Design_wrk" 并单击 "Creatc Workspace" 保存，如图 2-47 所示。

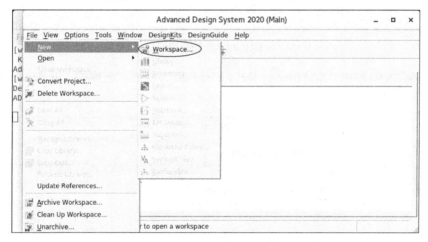

图 2-46　新建 ADS 工程

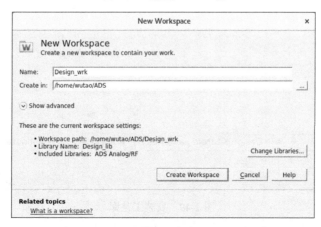

图 2-47　命名工程

2. 安装工艺库

通过"DesignKits"→"Manage Libraries"打开库管理器，如图 2-48 所示。

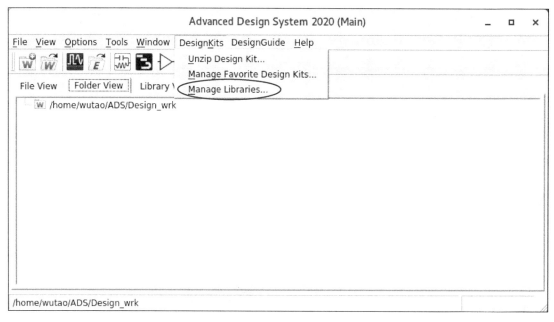

图 2-48　库管理器

在库管理器中，单击"Add Library Definition File"，找到工艺库的"lib.defs"文件完成工艺库的安装，如图 2-49 所示。

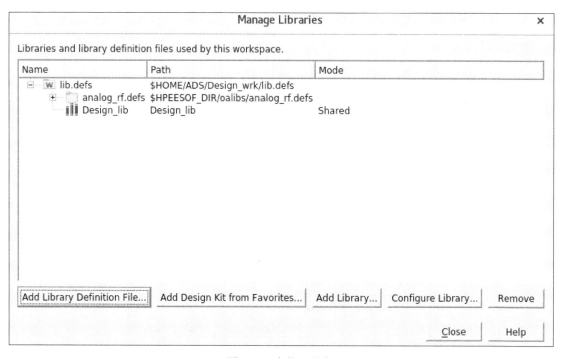

图 2-49　安装工艺库

3．新建设计

通过"File"→"New"→"Schematic"新建设计的原理图，如图 2-50 所示。

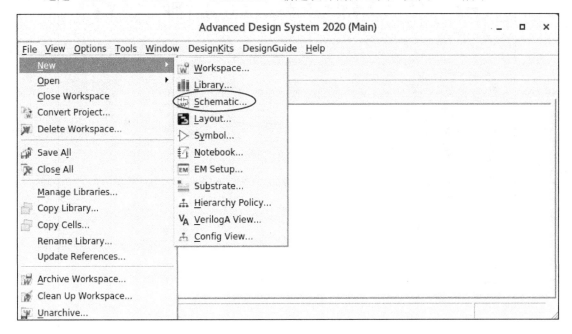

图 2-50　新建原理图

将该原理图命名为"Invertor"，如图 2-51 所示。

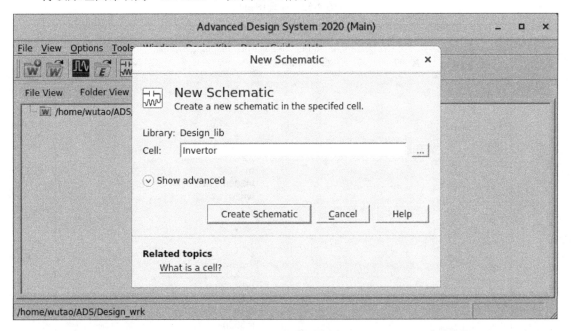

图 2-51　命名原理图

单击"Create Schematic"建立并打开原理图，安装好的库文件模型将出现在原理图窗口中的左侧，如图 2-52 所示。

在原理图中放置元件，如一个"nmos3v"和一个"pmos3v"，如图 2-53 所示。

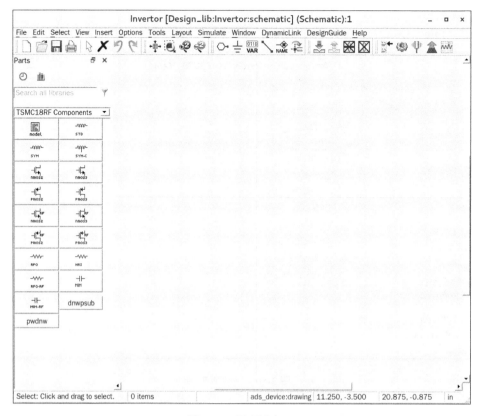

图 2-52　原理图窗口

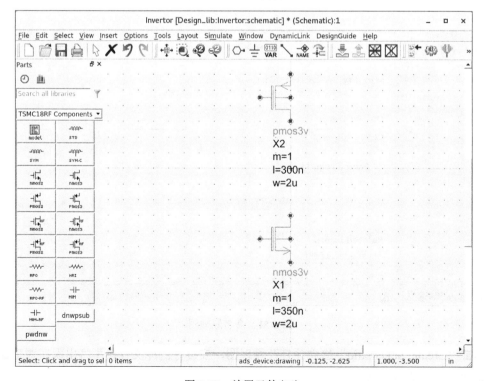

图 2-53　放置元件(三)

双击元件可以打开元件参数编辑界面，这里保留原始参数不变，如图 2-54 所示。

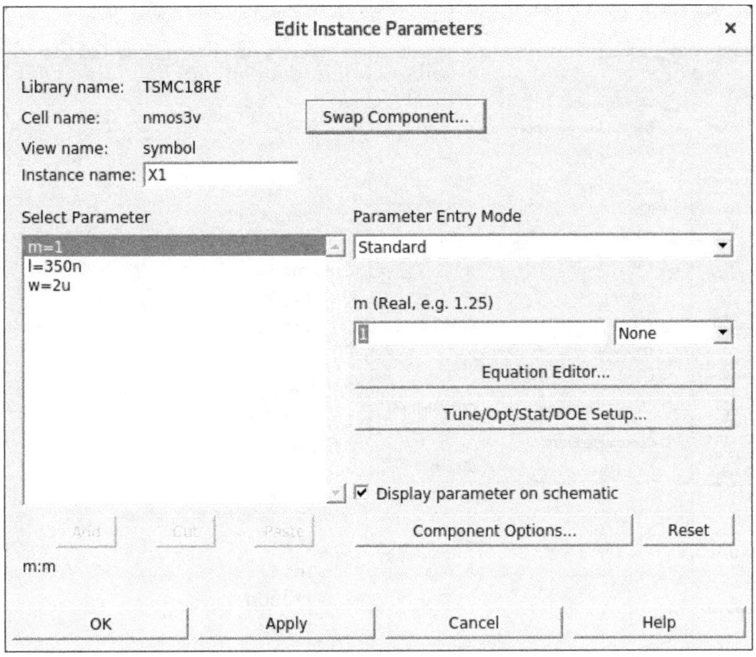

(a)　"nmos"

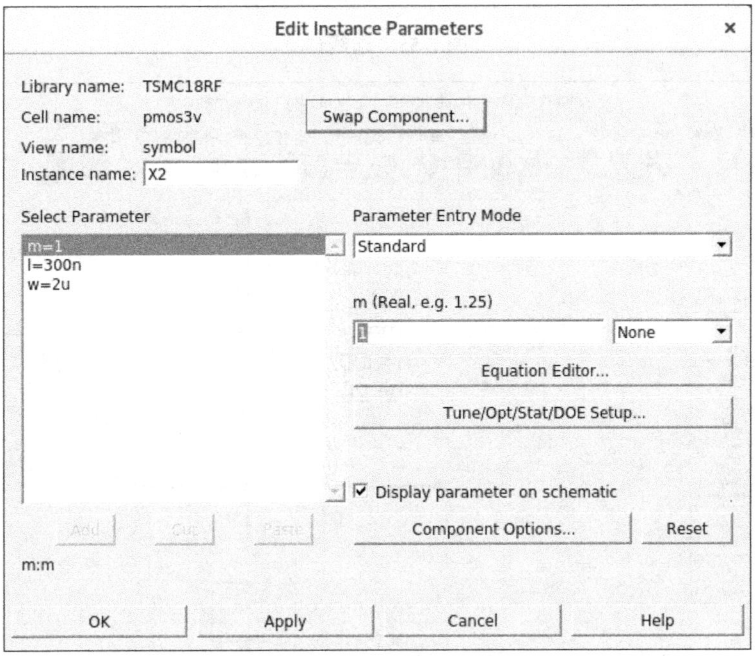

(b)　"pmos"

图 2-54　编辑元件参数

通过"Insert"→"Wire"或快捷键 Ctrl + W 进行连线，如图 2-55 所示。

连接后的电路如图 2-56 所示。注意：MOS 管的 B 极和 S 极连接在一起，并且可以通过 F5 调整元件文字的位置。

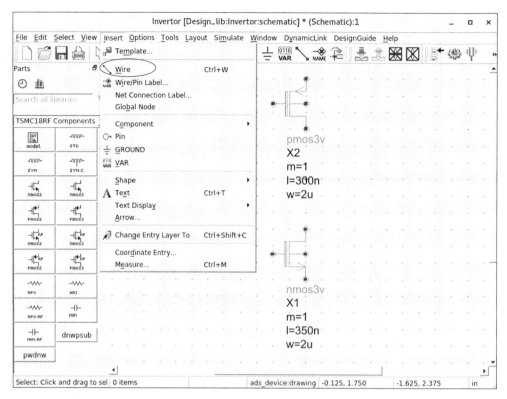

图 2-55　连线（二）

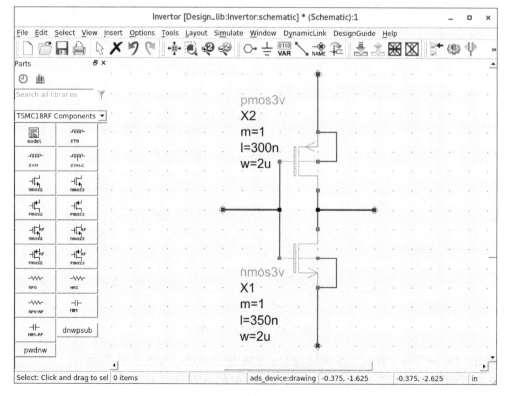

图 2-56　连接后的电路

通过"Insert"→"Pin"放置引脚，如图 2-57 所示。

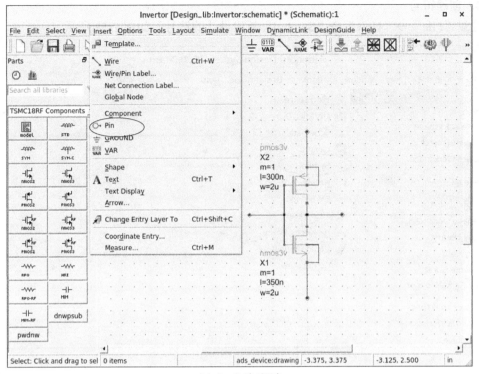

(a)"Pin"选项示意

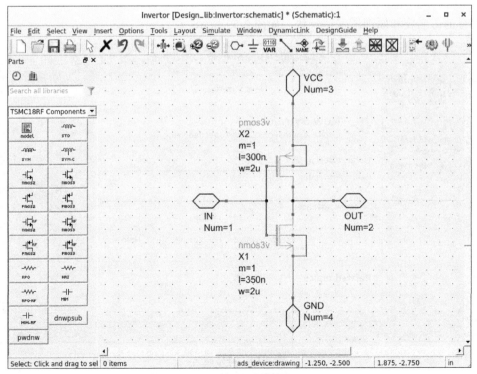

(b)放置引脚后的原理图

图 2-57 放置引脚(二)

基本电路搭建完成，保存并关闭原理图编辑器。

4．创建符号

通过"File"→"New"→"Symbol"新建设计的符号，如图 2-58 所示。

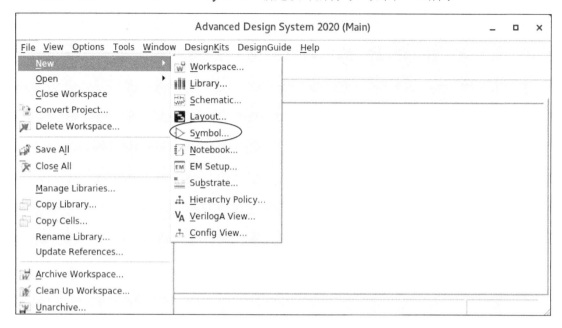

图 2-58　创建符号(二)

符号的命名要和原理图保持一致，如图 2-59 所示。

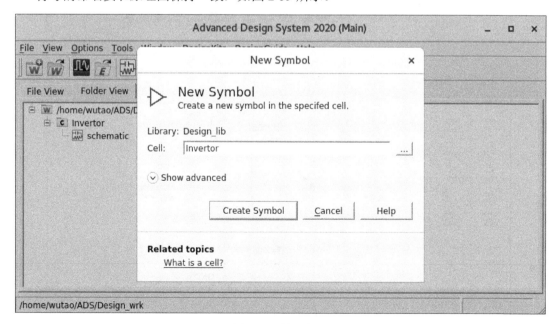

图 2-59　符号命名

选择符号的类型，如图 2-60 所示。

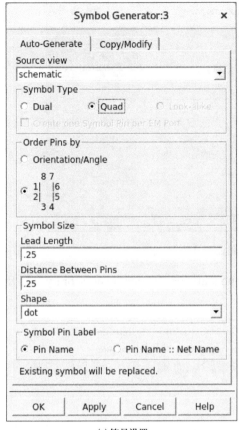

(a)符号设置

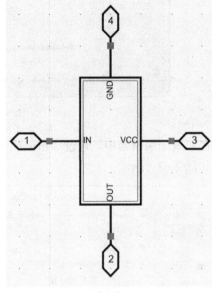

(b)符号原理图

图 2-60　符号类型

修改编辑符号，保存并退出，如图 2-61 所示。

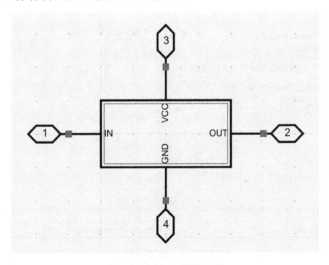

图 2-61　修改后的符号

5．新建验证

在 ADS 主窗口，新建验证原理图并命名为"Invertor_TestBench"，如图 2-62 所示。

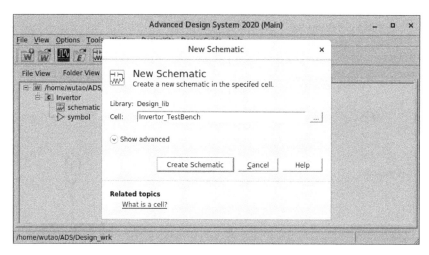

图 2-62　新建验证(一)

在原理图编辑器中，通过"Insert"→"Component"→"Component Library"打开元件库，如图 2-63 所示。

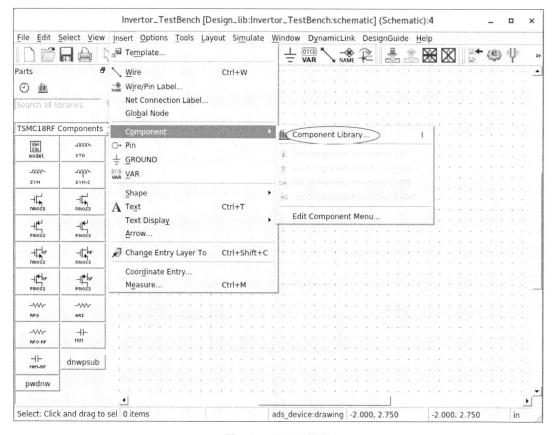

图 2-63　打开元件库

在元件库中找到，并放置上一步建立的新设计的符号(选择后拖入电路中)，如图 2-64 所示。

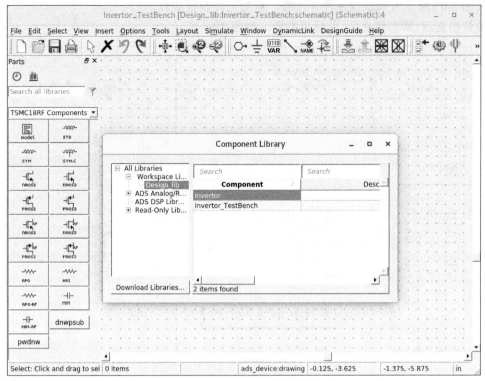

(a) 原件库窗口示意

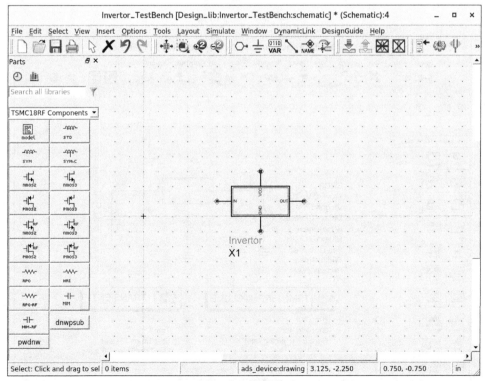

(b) 加入符号后的原理图

图 2-64　放置符号

按图 2-65 所示方式放置元件并连线，双击元件设置参数。

放置仿真器（瞬态仿真），并设置参数，如图 2-66 所示。

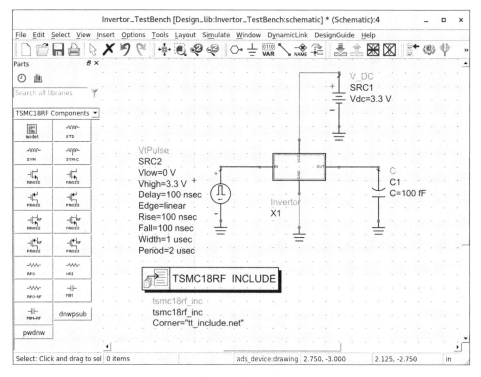

图 2-65　验证电路

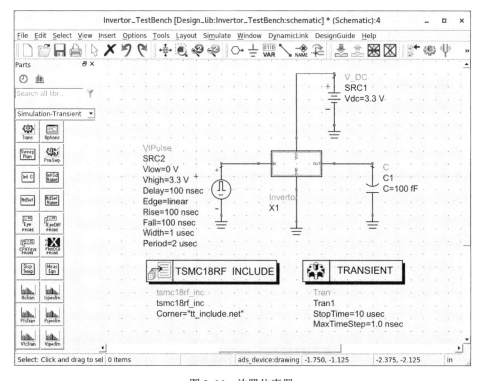

图 2-66　放置仿真器

通过"Insert"→"Wire/Pin Label"分别标注出输入电压"Vin"和输出电压"Vout",如图 2-67 所示。

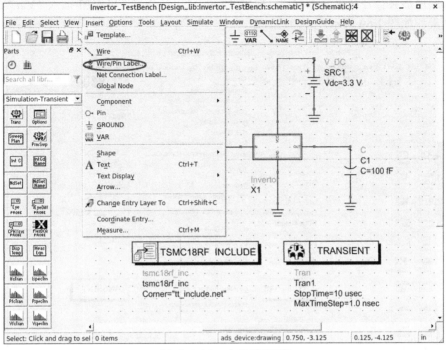

(a)"Wire/Pin Label"选项示意

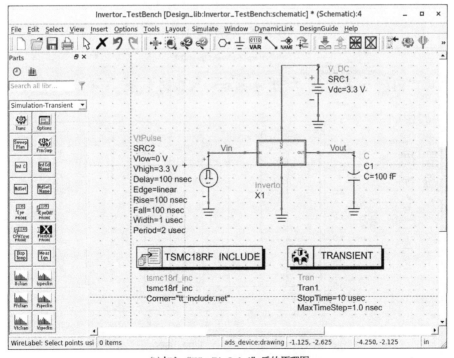

(b)加入"Wire/Pin Label"后的原理图

图 2-67　标注出电压

6. 电路仿真

通过"Simulate"→"Simulate"启动仿真，如图 2-68 所示。

仿真结束后会打开结果显示窗口，放置"Rectangular plot"，再添加/插入"Vin"和"Vout"的仿真结果，如图 2-69 所示。

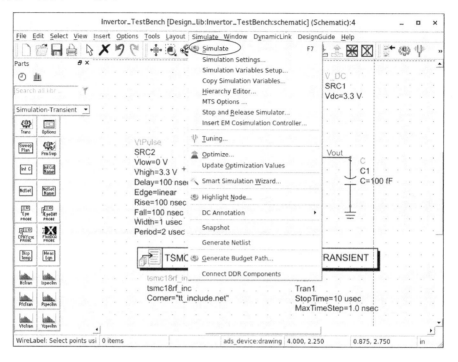

图 2-68　启动仿真(二)

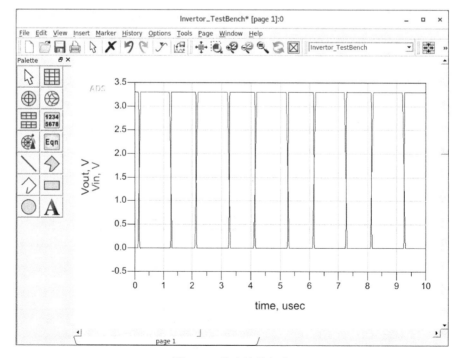

图 2-69　仿真结果(一)

2.2.2 ADS Dynamic Link

在 2.2.1 节 ADS 仿真中，必须要有工艺库对应的 ADS 格式才能完成仿真。如果已经有了 Cadence 的工艺库，通过 ADS Dynamic Link 使用 Cadence 数据库中的 IC 设计，可以在 ADS 中实现自上而下和自下而上的设计与仿真。

1. Cadence Virtuoso IC 与 Keysight ADS 互联

在 Cadence Virtuoso IC 中打开 2.1 节反相器原理图。通过"File"→"Open"选择 2.1 节所建"Design"库中的"Invertor"。

通过"Launch"→"ADS Dynamic Link"即可打开 ADS 主界面，如图 2-70 所示。

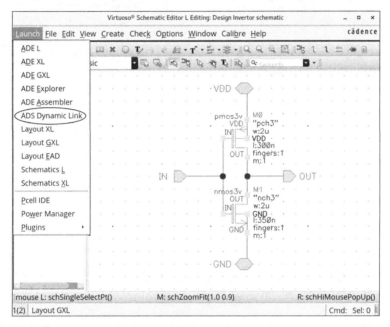

图 2-70 从 Virtuoso 中打开 ADS

在 ADS 主界面中，单击"File"→"New"→"Workspace"新建一个"Workspace"，命名为"Design_lib"，并通过"File"→"New"→"Schematic"在 Design_lib 下新建一个原理图，命名为"Invertor_TestBench"，如图 2-71 所示。

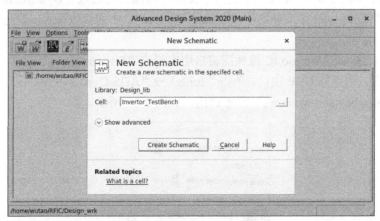

图 2-71 ADS 新建"Workspace"

在 ADS 的原理图窗口中选择"DynamicLink"→"Instance"→"Add Instance of Cellview"，将 Cadence 原理图中的 Symbol 加到 ADS 原理图窗口，如图 2-72 所示。

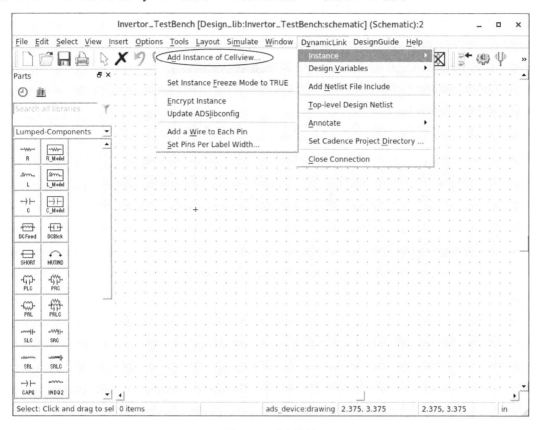

图 2-72　动态连接

在弹出的对话框中，选择 Cadence 中"Design"库里的"Invertor"，单击"OK"，如图 2-73 所示。

此时在 Cadence Virtuoso IC 中已经绘制好的反相器在 ADS 中相当于一个有功能的"黑盒子"，直接连接"黑盒子"引脚即可在 ADS 中进行仿真。

若 Cadence Virtuoso IC 原理图中设置了变量，可以将其通过"DynamicLink"导入 ADS 的 VAR 中，直接改变 VAR 中变量的值，Cadence Virtuoso IC 中的参数将同步改变（本例可忽略）。

具体操作为：

首先确认 Cadence Virtuoso IC 原理图窗口中有没有"DynamicLink"菜单。若有，则进入下一步；若没有，则返回 CIW 窗口，单击"Tools"→"ADS DynamicLink"→"Add Dynamic-Link menu to all schematic windows"即可调出，如图 2-74 所示。

(a)　"Select Design"库对话框

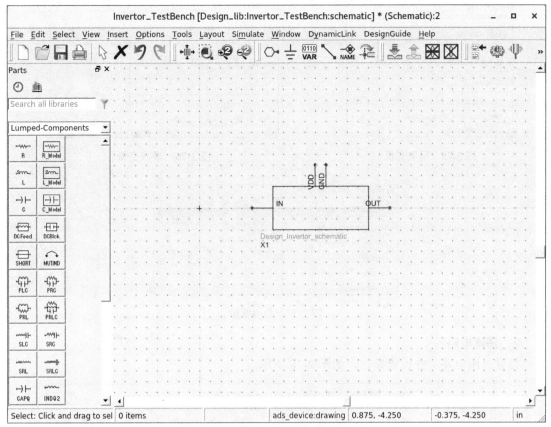

(b) 添加后的原理图

图 2-73　添加 Cadence Virtuoso IC 中画好的 Symbol

图 2-74　调出"Dynamic Link"菜单

第一步，在 Cadence Virtuoso IC 的原理图窗口选择"DynamicLink"→"Design Variables"，如图 2-75 所示。

弹出设计变量对话框，单击"Copy From"添加变量，如图 2-76 所示。

第二步，回到 ADS 的"Schematic"窗口中选择"DynamicLink"→"Design Variables"→"Get Design Variables"，则会自动出现 VAR 控件，在里面设置变量即可，如图 2-77 所示。

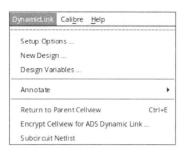

图 2-75　提取变量

图 2-76　导入变量

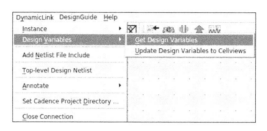

图 2-77　获得变量

2. 搭建电路

搭建外围电路，并设置参数，如图 2-78 所示。

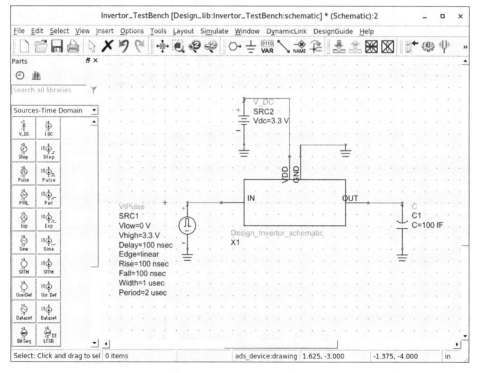

图 2-78　ADS 中搭建电路

3. 网表文件

必须在 ADS 中添加一个 NTELIST INCLUDE 控件，以保证两个软件互通。在 ADS 的原理图窗口中选择"DynamicLink"→"Add Netlist File Include"放置控件，如图 2-79 所示。

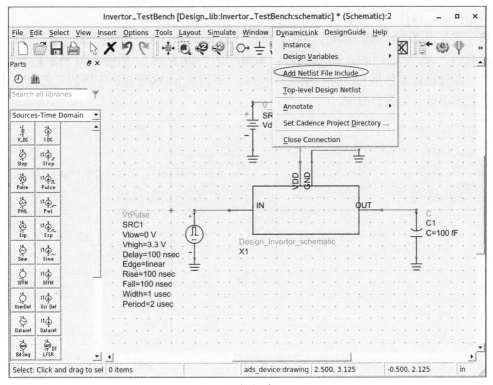

(a) 选项示意

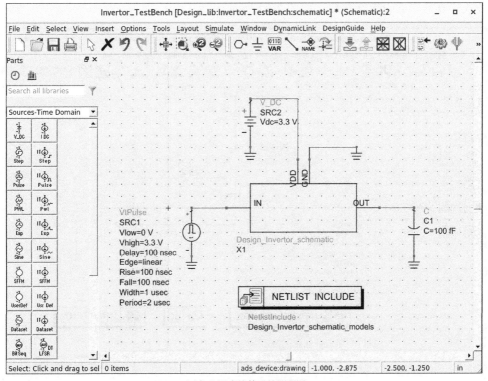

(b) 加入网表控件后的原理图

图 2-79　NTELIST INCLUDE 控件

双击控件，控件中需要设置两部分内容。

第一部分设置"Model Library File"，单击"IncludeFiles[1]"，单击"Browse"，找到工艺库里对应的".scs"文件（models/spectre），本例选择"rf018.scs"，如图 2-80 所示。

第二部分设置工艺角 Section，填写"tt_3v"，不同的 MOS 管对应不同的工艺角，具体可查询工艺库手册，如图 2-81 所示。

图 2-80　模型库文件

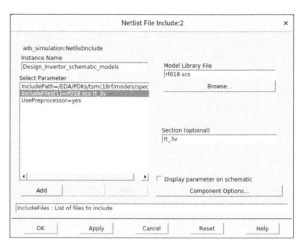

图 2-81　工艺角设置

4．电路仿真

放入仿真器，并设置好参数，如图 2-82 所示。

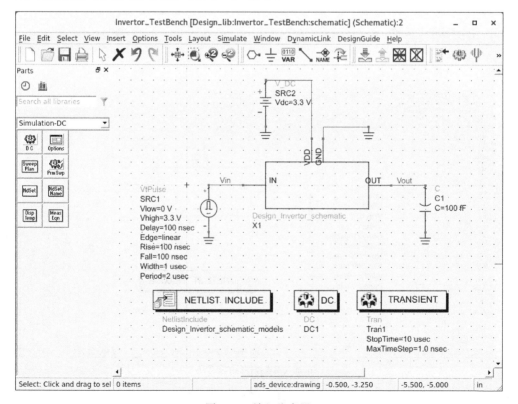

图 2-82　放入仿真器

1）直流仿真

单击"仿真"按钮，仿真结束后，在 ADS 的原理图窗口中选择"DynamicLink"→"Annotate"，再单击"黑盒子"："Design_Invertor_schematic"，可以分别跳转到 Cadence Virtuoso IC 中的原理图查看电压及静态工作点，如图 2-83 所示。

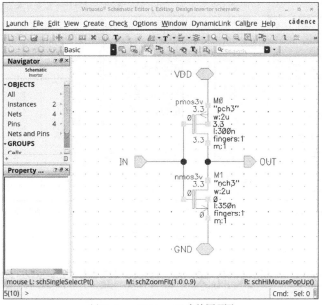

(a) Cadence Virtuoso IC 中的原理图

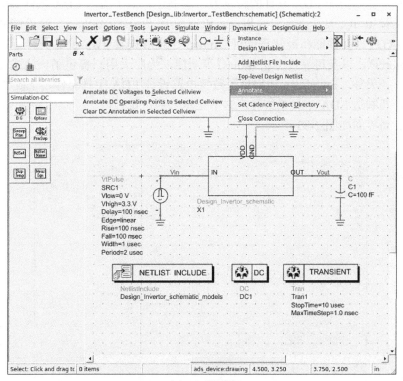

(b) ADS 原理图

图 2-83　查看静态工作点

2) 瞬态仿真

仿真结束后会打开结果显示窗口，放置"Rectangular plot"，再插入"TRAN.Vin"和
"TRAN.Vout"的仿真结果，如图 2-84 所示。

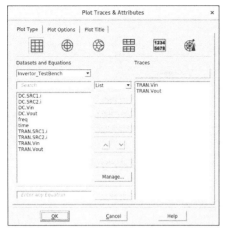
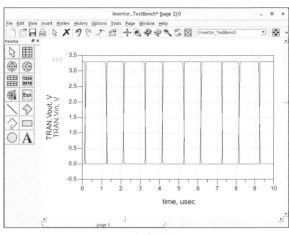

　　　　(a) 图标窗口设置　　　　　　　　　　　　　　　　(b) 仿真结果

图 2-84　反相器波形

2.3　华大九天 Aether 设计环境举例

为了进一步提高国产 EDA 软件的影响力，本书还介绍了国内 EDA 软件供应商华大九天
(Empyrean)的模拟 IC 设计平台。它集成了原理图/版图编辑(Aether)、高性能并行电路仿真
(ALPS/ALPS-GT)、高性能精准物理验证(Argus)、波形查看(iWave)、大容量寄生参数提取
分析(RCExplorer)，以及可靠性分析(Polas)等功能，为广大用户提供了一站式完整解决方案
的另一个选择。另外，Empyrean 还提供了数字电路设计 EDA 工具套件、平板显示电路 EDA
工具系统和晶圆制造 EDA 工具系统等，这不在本书的讨论之内。

Aether 启动界面如图 2-85 所示。

图 2-85　Aether 启动界面

这里仍以反相器为例，简介其工作流程。

2.3.1　新建工作库

通过 "File" → "New Library" 新建一个库，并命名为 "Design"，如图 2-86 所示。

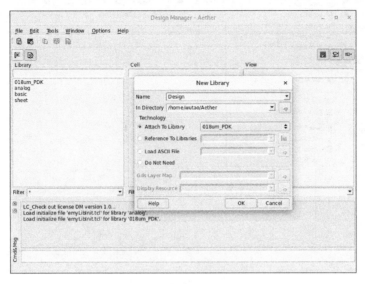

图 2-86　新建库(二)

2.3.2　新建设计

选择库，通过 "File" → "New Cell/View" 新建一个设计，并命名为 "Invertor"，如图 2-87 所示。

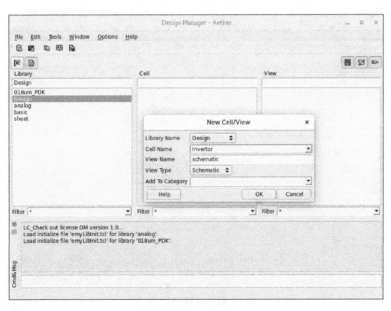

图 2-87　新建设计

1. 放置元件

在弹出的原理图窗口中，通过"Create"→"Instance"放置元件，如图 2-88 所示。

图 2-88　放置元件菜单

通过 Browse 找到需要放置的元件。这里库选择为"018um_PDK"，放置一个 n18 和一个 p18，如图 2-89 所示。

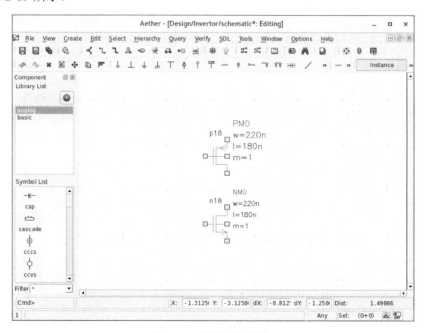

图 2-89　放置元件(四)

2. 修改元件参数

选择元件，通过"Edit"→"Property"打开元件属性编辑对话框，如图 2-90 所示。

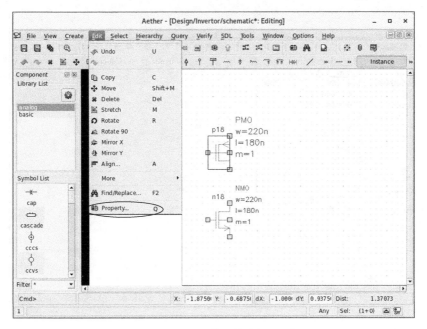

图 2-90　打开元件属性编辑对话框

修改两个 MOS 管的参数如图 2-91 所示。

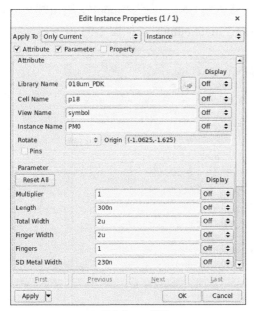

(a)晶体管 p18 设置

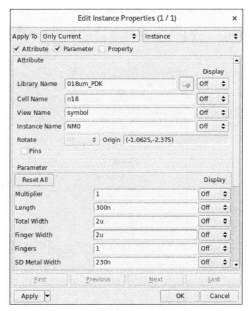

(b)晶体管 n18 设置

图 2-91　编辑元件属性

3．连线

通过"Create"→"Wire"进行连线，如图 2-92 所示。

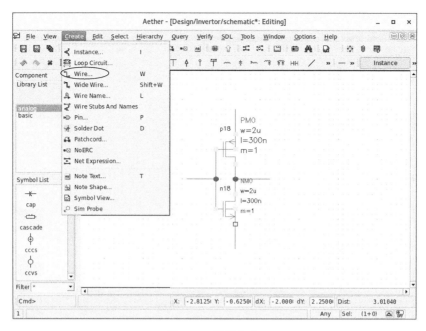

图 2-92　连线(三)

4. 放置引脚

通过"Create"→"Pin"，放置引脚如下。其中，输入端(IN)方向为"input"，输出端(OUT)方向为"output"，电源端(VDD)和地(GND)方向为"input output"，如图 2-93 所示。

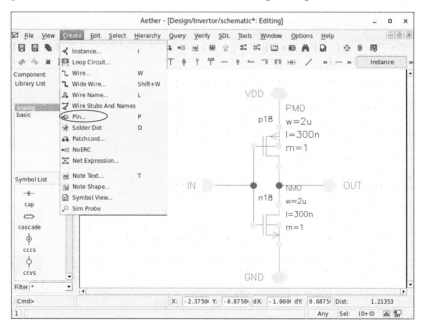

图 2-93　放置引脚(三)

5. 创建符号

通过"Create"→"Symbol View"创建符号，如图 2-94 所示。

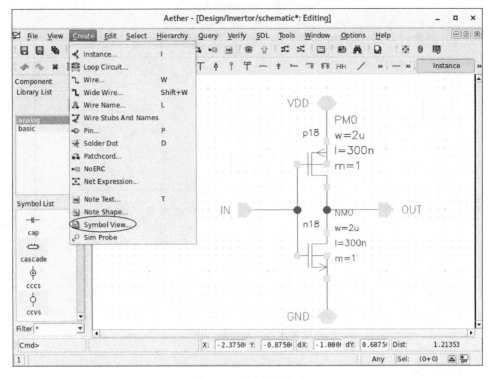

图 2-94　创建符号(三)

符号基本布局如图 2-95 所示，创建的符号如图 2-96 所示。

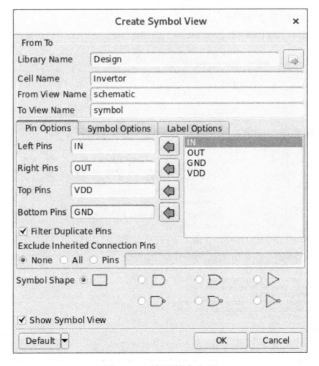

图 2-95　符号基本布局

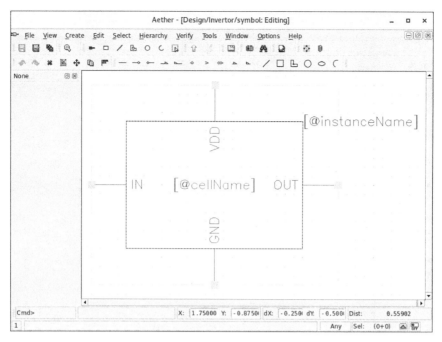

图 2-96　创建的符号

2.3.3　新建验证

在 Aether 主窗口，选择"Design"，通过"File"→"New Cell/View"新建一个验证设计，并命名为"Invertor_TestBench"，如图 2-97 所示。

搭建测试验证电路如图 2-98 所示。

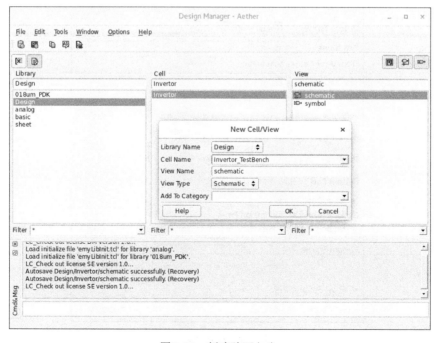

图 2-97　新建验证(二)

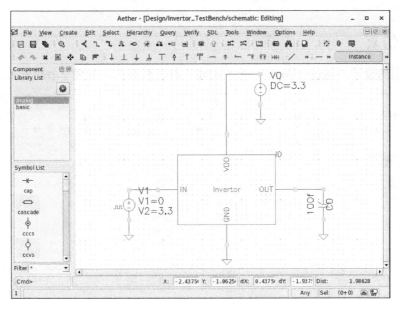

图 2-98　验证电路

其中元件模型及参数如表 2-1 所示。

表 2-1　测试电路元件参数

元件	库	模型	参数
I0	Design	Invertor	—
V0	analog	vdc	DC = 3.3 V
V1	analog	vpulse	设置如图 2-99 所示
C0	analog	cap	$C = 100$ fF
gnd	basic	gnd	—

输入端的脉冲电压源参数设置如图 2-99 所示。

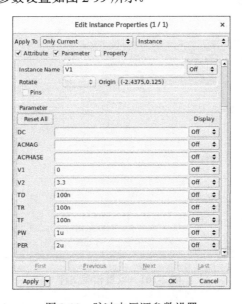

图 2-99　脉冲电压源参数设置

2.3.4　前仿真

保存前面的设计，通过"Tools"→"MDE"打开仿真器，如图 2-100 所示。

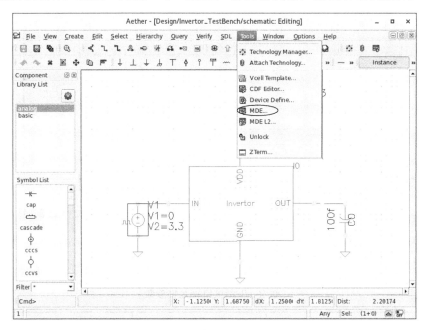

图 2-100　打开仿真器(二)

在打开的混合信号设计环境中，通过"Setup"→"Model Library"→"Add Model Library"，选择工艺库的模型文件(model.lib)，如图 2-101 所示。

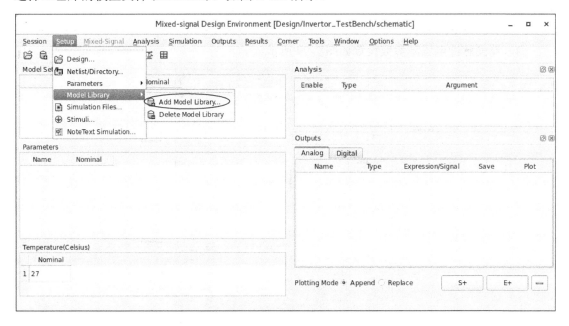

图 2-101　设置模型文件

　　工艺角在本例中选择为"TT"，不同的器件对应不同的工艺角，具体可查询工艺库手册。设置好的结果如图 2-102 所示。

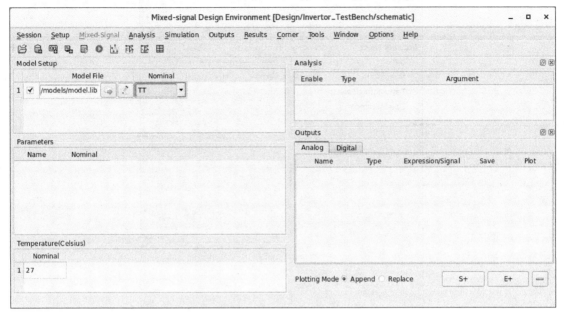

图 2-102　模型库和工艺角的设置

　　通过"Analysis"→"Add Analysis"添加仿真器，如图 2-103 所示。

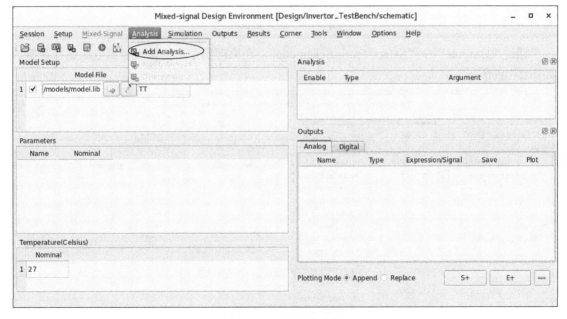

图 2-103　添加仿真器

　　这里添加一个瞬态仿真，并设置参数如图 2-104 所示。

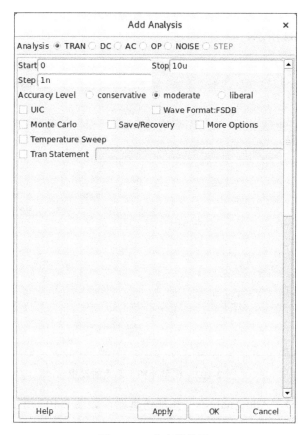

图 2-104　仿真器设置

通过"Outputs"→"Select From Schematic"，在原理图中单击输入输出电压进行观察，如图 2-105 所示。

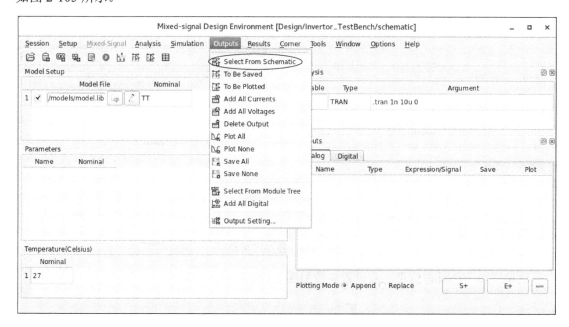

图 2-105　仿真输出设置

设置好的仿真界面如图 2-106 所示(注意：节点名称不一定和本例完全相同)。

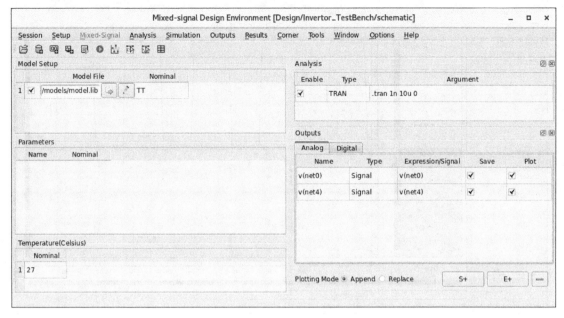

图 2-106　设置好的仿真界面

通过"Simulation"→"Netlist And Run"开始建立网表并且仿真。若之前有未保存的电路，会提示保存，如图 2-107 所示。

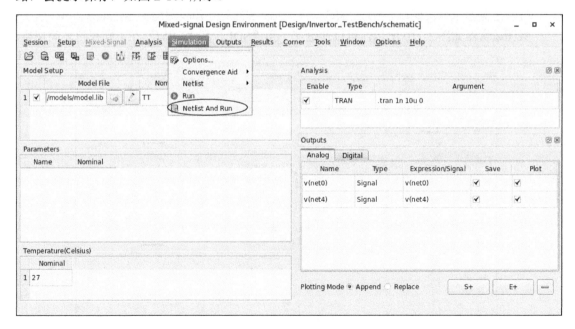

图 2-107　开始仿真

最终仿真结果如图 2-108 所示。

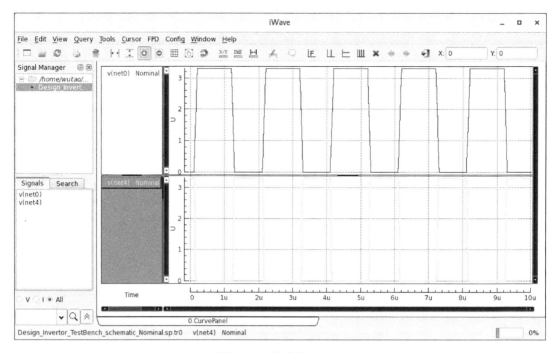

图 2-108　仿真结果(二)

2.3.5　版图设计

打开之前的原理图窗口,通过"SDL"→"Start SDL"打开版图编辑器,如图 2-109 所示。版图编辑器如图 2-110 所示,可以通过左下角"SDL"和"LSW"在不同视角之间切换。

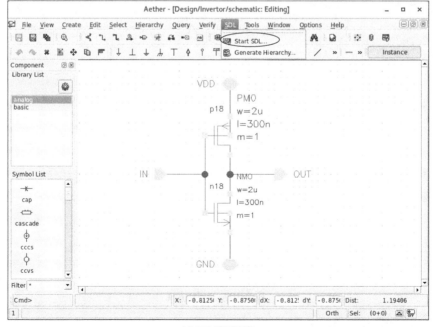

(a) SDL 选项示意

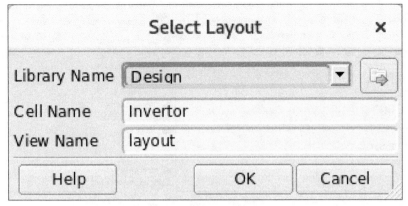

(b) 版图编辑对话框

图 2-109　启动版图编辑

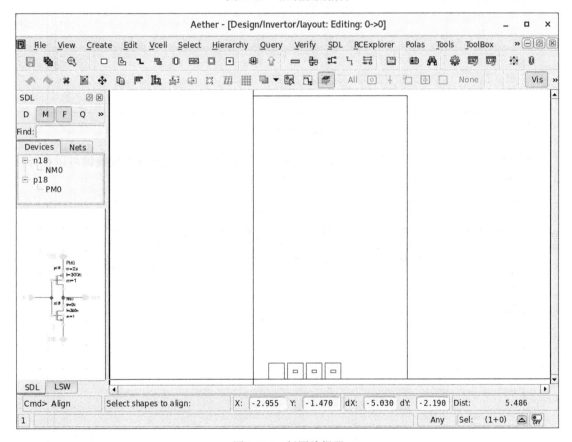

图 2-110　版图编辑器

版图编辑器中自动生成了外框和 pin，保留 4 个 pin，将外框进行删除。

1. 放置元件

在"SDL"栏中选择要放置的元件，通过"SDL"→"Generate Devices"放置该元件，如图 2-111 所示。

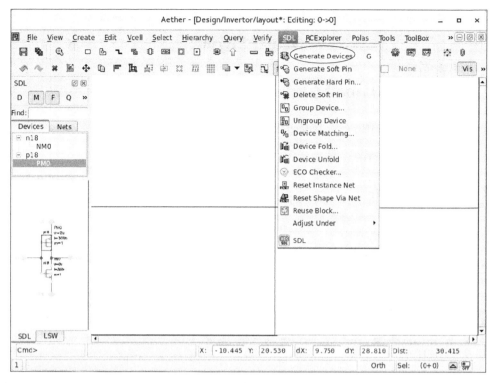

图 2-111 放置元件(五)

将 PMOS 管和 NMOS 管放置到合适的位置,通过 Shift + F 或 Ctrl + F 快捷键可以在外框显示或图层显示两种情况之间切换,如图 2-112 所示。

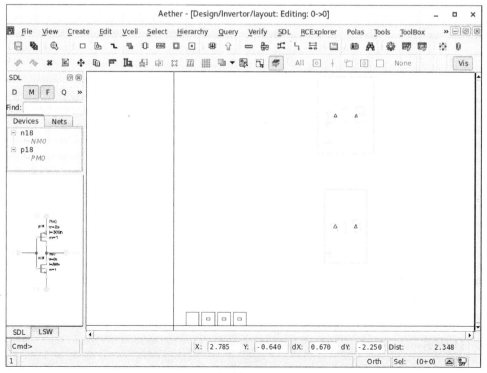

(a)外框显示

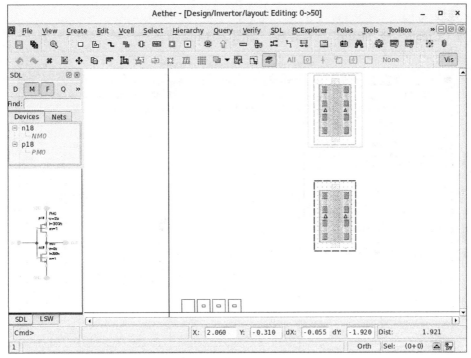

(b) 图层显示

图 2-112　显示切换

单击任意元件，还能看到连线提示，如图 2-113 所示。

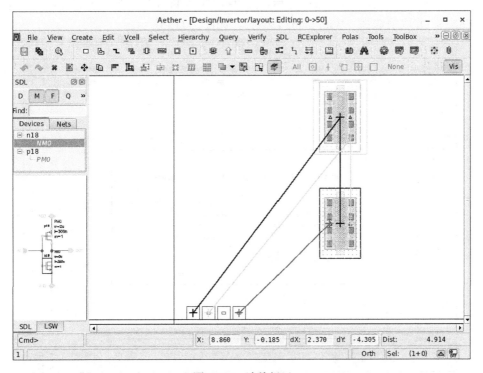

图 2-113　连线提示

2. 连线

通过"Create"→"Path"放置连线，如图 2-114 所示。

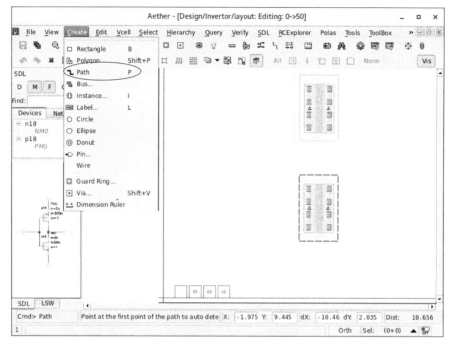

图 2-114　放置连线

第一次连线时，单击放置连线命令后，快速按 F3 或 Fn + F3，打开设置界面，选择"Auto Detect Edge"，并取消选择"With Same Layer"，如图 2-115 所示。

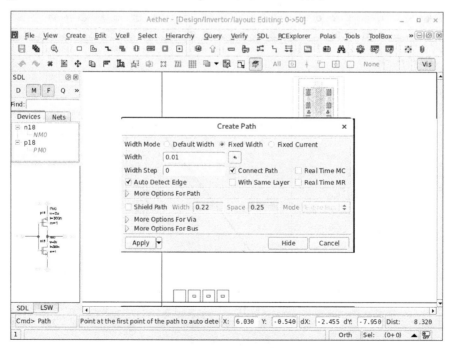

图 2-115　连线设置

连线后如图 2-116 所示。

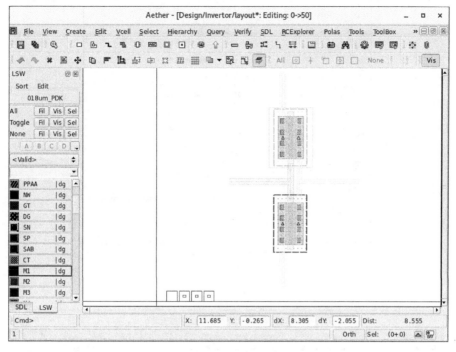

图 2-116　连线(四)

3. 放置过孔

通过 "Create" → "Via" 放置过孔。在弹出的对话框中，过孔定义为 "M1_GT"，并放置在相应的位置，如图 2-117 和图 2-118 所示。

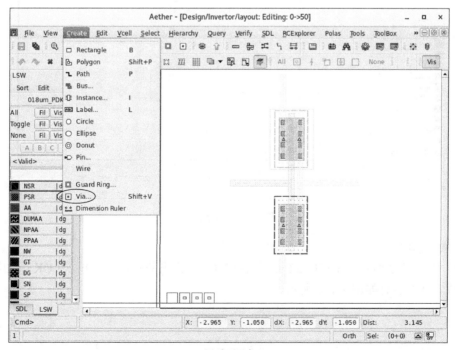

(a)选项示意

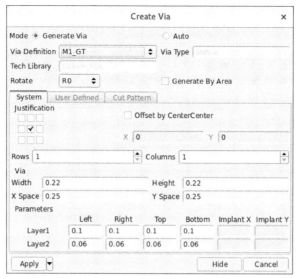

(b)设置界面

图 2-117　过孔设置

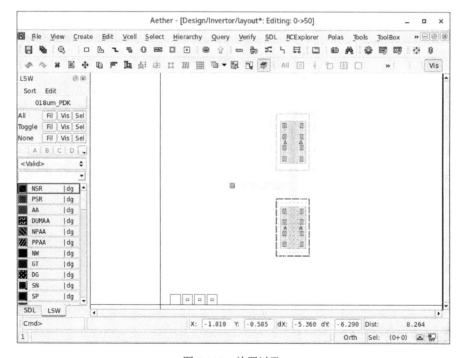

图 2-118　放置过孔

4．放置引脚

通过"SDL"→"Generate Hard Pin"放置引脚，在弹出的对话框中单击"OK"，如图 2-119 所示，放置好的引脚如图 2-120 所示。

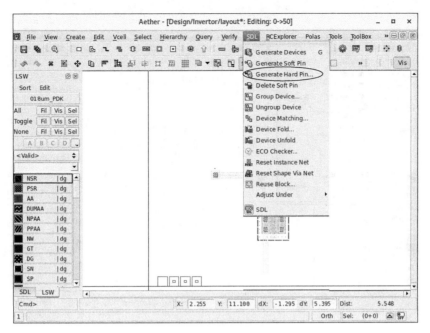

图 2-119　放置端口

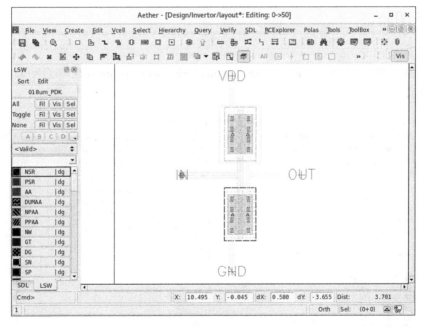

图 2-120　放置好的引脚

也可以通过"Create"→"Label"的方式来放置引脚。在版图中，"Label"和"Hard Pin"的功能是一致的，在物理验证过程中，LVS 会把位于顶层的"Label"和"Hard Pin"均识别为引脚，和原理图进行比对，如图 2-121 所示。

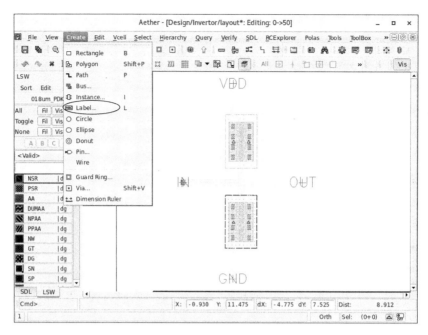

图 2-121 放置标签

2.3.6 版图验证

1. DRC

在版图编辑器中，通过"Verify"→"Argus"→"Run Argus DRC"启动 DRC 验证，如图 2-122 所示。

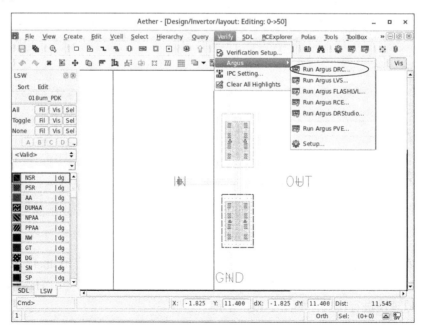

图 2-122 启动 DRC 验证

DRC 规则文件选择为工艺库中的"drc.rul"文件，如图 2-123 所示。

图 2-123 DRC 规则文件选择

单击"Inputs",选择"Flat"。其余保留默认,单击"Run DRC"开始规则检查,如图 2-124
所示。

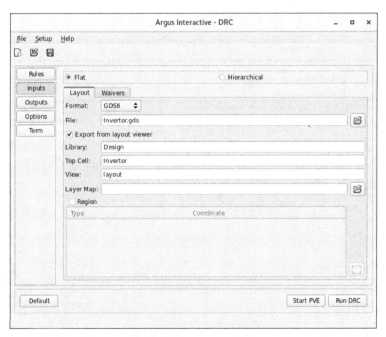

图 2-124 "Inputs"设置

检查完成会自动打开"PVE"显示结果。

2. LVS

通过"Verify"→"Argus"→"Run Argus LVS"启动 LVS 验证,如图 2-125 所示。

LVS 规则文件选择为工艺库中的"lvs.rul"文件,如图 2-126 所示。

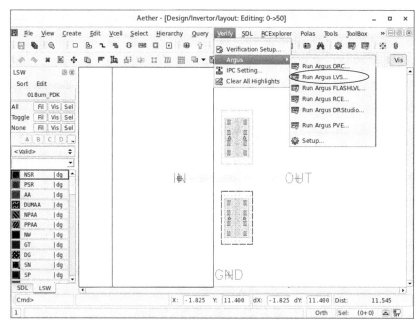

图 2-125　启动 LVS 验证

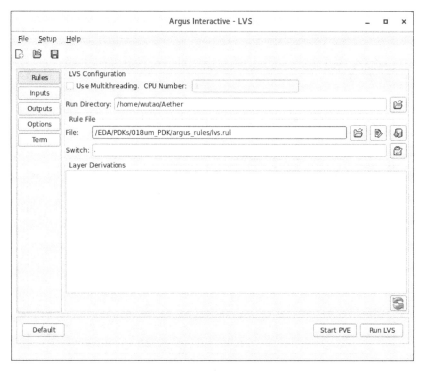

图 2-126　LVS 规则文件选择

　　单击"Inputs",选择"Flat"。在"Layout"子页面中选择"Export from layout viewer",在"Netlist"子页面中选择"Export from schematic viewer",如图 2-127 所示。

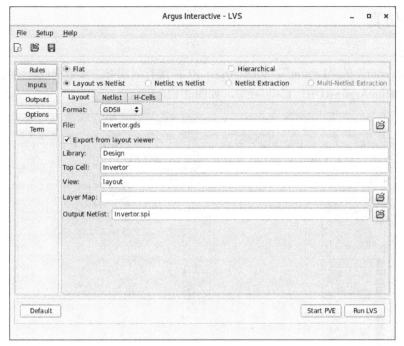

(a)"Layout"子页面

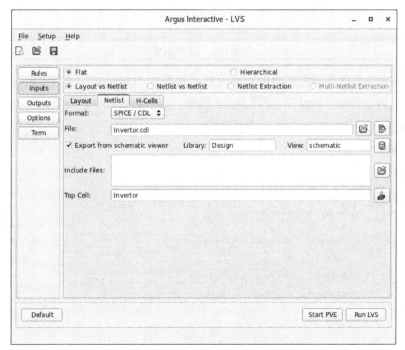

(b)"Netlist"子页面

图 2-127　子页面设置

　　其余保持默认设置，单击"Run LVS"进行 LVS 检查，检查完成会自动打开"PVE"显示结果。

2.3.7　后仿真

1. RCE

打开"Invertor"的"Layout"，利用 Argus RCE 进行版图寄生参数提取。通过"Verify"→"Argus"→"Run Argus RCE"启动 RCE，如图 2-128 所示。

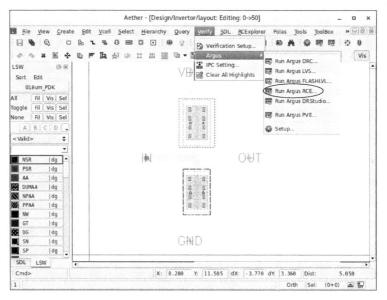

图 2-128　启动 RCE

RCE 规则文件选择为工艺库中的对应文件，并单击"Outputs"，将"View Name"由大写的"DSPF"改为小写的"dspf"，如图 2-129 所示。

(a) RCE 规则文件设置界面

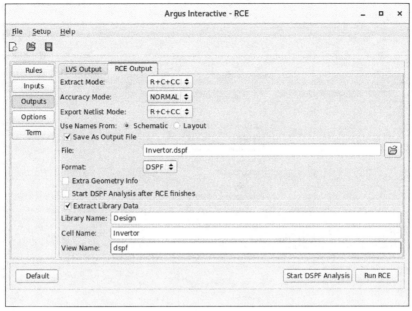

(b) "View Name" 设置界面

图 2-129 RCE 设置

其余保持默认设置，单击"Run RCE"进行寄生参数抽取，完成会生成".dspf"文件，里面包含抽取出来的寄生参数信息，后仿真会用到，如图 2-130 所示。

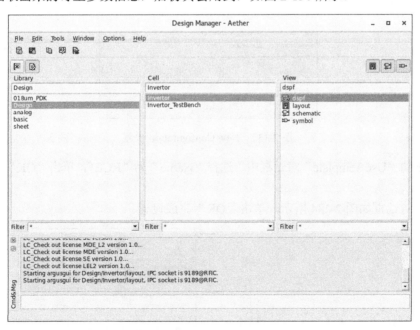

图 2-130 ".dspf"文件生成

2. "Config"配置

在设计管理器主窗口，"Cell"选择为"Invertor_TestBench"，新建"New Cell/View"，类型为"Config"，如图 2-131 所示。

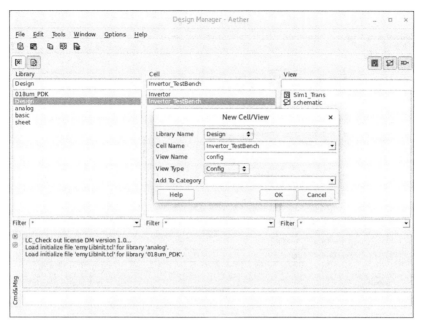

图 2-131　新建"Config Cell/View"

在弹出的"New Configuration"对话框中单击"Template",如图 2-132 所示。

图 2-132　New Configuration 设置

在弹出的"Use Template"对话框中,选择"Name"为"RCE",单击"OK",如图 2-133 所示。

弹出的对话框如图 2-134 所示,单击"OK"完成设置。

图 2-133　"Use Template"设置

图 2-134　设置完成

弹出窗口如图 2-135 所示,保存后将其关闭。

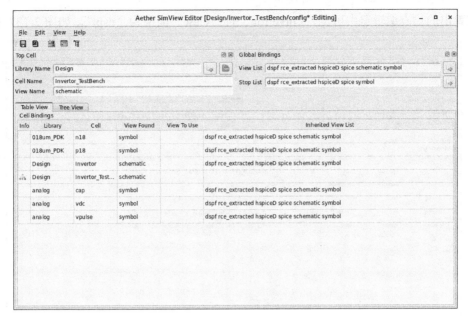

图 2-135　仿真视图编辑窗口

双击生成的"config"视图，将两个选项都选择为"Yes"，如图 2-136 所示。

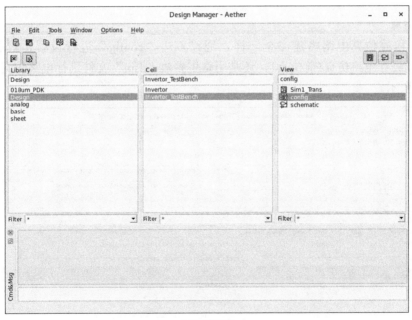

（a）操作示意

（b）"Open Configuration Or Top Cell View"界面

图 2-136　"Open Configuration Or Top Cell View"设置

在弹出的仿真编辑器中可见，"Invertor"的"View"类型为"dspf"，如图 2-137 所示。

图 2-137　切换 View 类型

3．后仿真

后仿真和前仿真电路搭建完全一样，通过双击"config"进行设置，选择用原理图"schematic"进行电路仿真(前仿真)，还是用寄生参数"dspf"文件进行电路仿真(后仿真)，如图 2-138 所示。

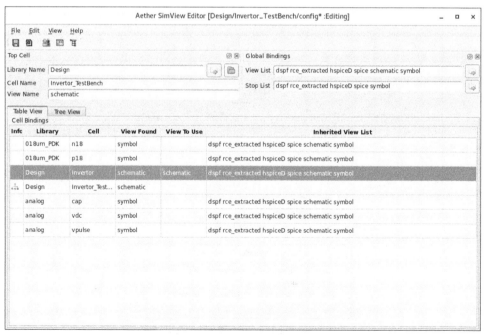

(a)前仿真选择为"schematic"

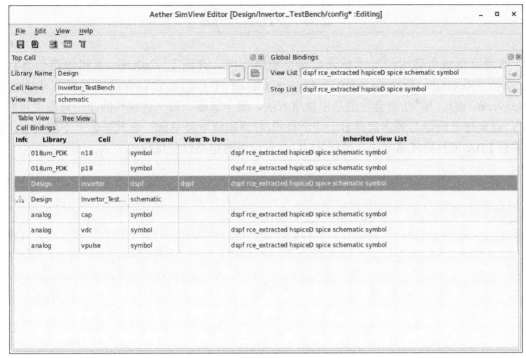

(b) 后仿真选择为 "dspf"

图 2-138　 "config" 中 View 类型切换

后仿真结果如图 2-139 所示。

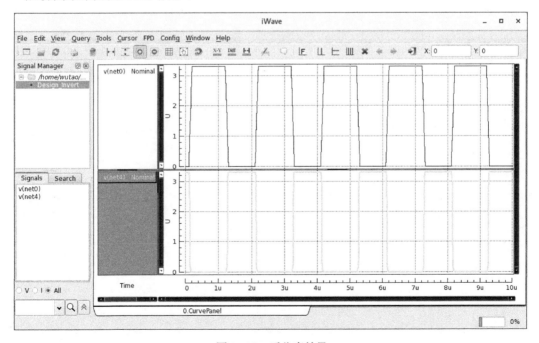

图 2-139　后仿真结果

2.4　小　　结

　　本章以集成电路中的基本单元电路反相器为例，介绍了 Cadence 模拟电路仿真软件 Virtuoso、Keysight 公司的 ADS 软件与 Cadence 平台的动态联合仿真及国产华大九天 (Empyrean) 模拟 IC 仿真套件的基本使用方法。限于篇幅，每一种软件的介绍只是 "点到为止"，需要每一位学习者本身具有一定的模拟/射频集成电路基础，在此基础上不断摸索，熟练掌握 EDA 工具的使用方法，理解 RFIC 仿真设置与电路性能优化的关系。

第 3 章　CMOS 器件

在 CMOS 集成电路中，器件的原理、电压电流关系、器件模型参数等直接影响电路设计的质量。本章将重点介绍 RFIC 中的集成电阻、集成电容、集成电感等无源器件，以及二极管、MOS 管等有源器件。

3.1　无源器件及模型

无源器件(Passive Device)，又称为被动器件，在无须外加电源的条件下，即可显示其特性，常见的无源器件主要包括电阻类、电容类和电感类器件。在集成电路中，无源器件的实现需要考虑具体工艺制程和规则，因此，作为设计者需要了解集成电阻、集成电容和集成电感的基本设计方法。

3.1.1　集成电阻

常见的电阻可以等效为无厚度的均匀矩形导电材料，其电阻值可定义为

$$R = R_\square \frac{L}{W} \tag{3-1}$$

式中，方块电阻是衡量集成电路材料特性的关键参数，记为 $R_\square$（或 R_s），取决于导电材料的电阻率与厚度之比；L 是矩形薄层电阻的长度；W 是矩形薄层电阻的宽度。

RFIC 设计中用到的集成电阻，主要是 P^+ 多晶硅电阻。多晶硅电阻又分为含硅化物和不含硅化物两种，二者主要的区别在方块电阻的不同。在本书所选择的 65nm 工艺库中含硅化物的多晶硅电阻(rppoly_rf)的方块电阻为 $14.9255\Omega/sq$，不含硅化物的多晶硅电阻(rppolywo_rf)的方块电阻为 $694\Omega/sq$。

电阻宽度和长度的有效范围如表 3-1 所示。宽度小于 $2\mu m$ 的硅化物多晶硅电阻器由子电路 rppolys_rf 建模，而宽度较大$(2\sim10\mu m)$的硅化物多晶硅电阻器由 rppolyl_rf 建模，并且所有类型电阻的长度必须大于宽度，即方块数必须大于 1。

表 3-1　电阻模型和参数范围

模型名字	类型	$W/\mu m$		$L/\mu m$		方块数	
L		min	max	min	max	min	max
rppolys_rf	含硅化物多晶硅电阻 ($W<2\mu m$)	0.15	2	0.3	150	1	150
rppolyl_rf	含硅化物多晶硅电阻 ($W>2\mu m$)	2	10	0.3	150	1	150
rppolywo_rf	不含硅化物多晶硅电阻	0.4	10	0.8	25	1	20

多晶硅电阻的版图如图 3-1 所示。

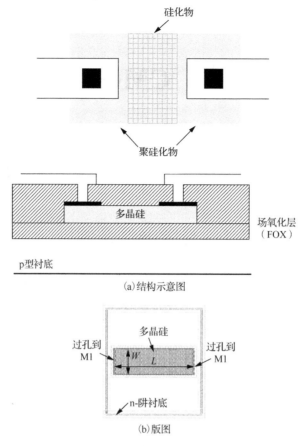

(a) 结构示意图

(b) 版图

图 3-1　多晶硅电阻版图

集成电阻的模型符号和等效电路如图 3-2 所示。

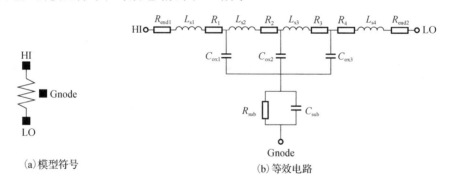

(a) 模型符号

(b) 等效电路

图 3-2　集成电阻

其中，R_{end1}、R_{end2} 是终端电阻；R_1、R_2、R_3、R_4 是分布式多晶硅电阻；L_{s1}、L_{s2}、L_{s3}、L_{s4} 是电阻两端的电感；C_{ox1}、C_{ox2}、C_{ox3} 是多晶硅和基板之间的分布电容；C_{sub}、R_{sub} 是 n-阱衬底的电容和电阻。

3.1.2　集成电容

RFIC 设计中用到的电容主要有 MIM 电容和 MOM 电容两种。

1. MIM 电容

MIM（Metal Insulator Metal）电容为金属-绝缘层-金属电容，其电容密度为 1~2fF/μm²。设计惯例是长度大于或等于宽度，取值范围为 4～100μm，如表 3-2 所示。

表 3-2 MIM 电容模型和参数范围

模型名字	类型	W/μm		L/μm	
		min	max	min	max
mimcap_um_sin_rf	MIM 电容	4	100	4	100
mimcap_woum_sin_rf	MIM 电容	4	100	4	100

MIM 电容又称为极板电容，又可分为有底层金属和没有底层金属两种，模型分别为 mimcap_um_sin_rf 和 mimcap_woum_sin_rf，如图 3-3 所示。

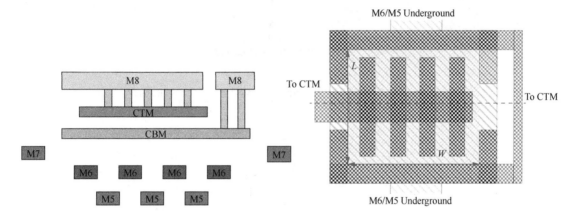

（a）有底层金属

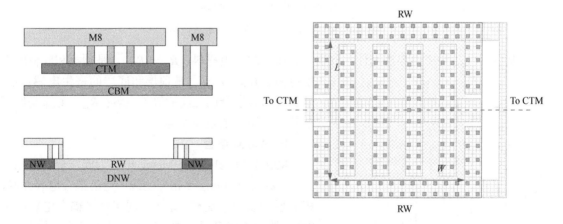

（b）没有底层金属

图 3-3 MIM 电容结构

图 3-4（a）给出了 MIM 电容的模型符号。其中，为了在电容底部放置电路，通常会将电容底部金属的低两层金属设置为 PSG（Pattern Shielding Grounding）。有/无 PSG 的 MIM 电容对应的等效电路分别如图 3-4（b）和（c）所示。

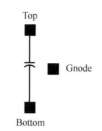

(a) 模型符号

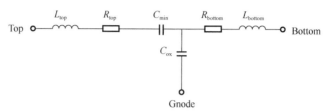

(b) 有PSG的MIM电容的等效电路

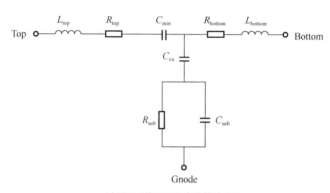

(c) 无PSG的MIM电容的等效电路

图 3-4　MIM 电容的模型符号和等效电路

其中，C_{mim} 是主电容器元件，取决于金属间的介电材料；R_{top}、R_{bottom} 是顶板和底板的寄

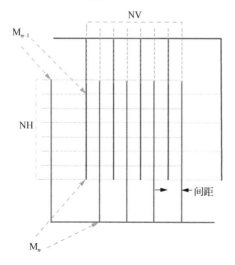

图 3-5　MOM 电容（NV×NH = 8×8）

生电阻；L_{top}、L_{bottom} 是顶层和底层的寄生电感；C_{ox} 是底板和底层金属之间的等效电容；R_{sub}、C_{sub} 是底板与基板之间的电阻和电容。

2. MOM 电容

MOM（Metal Oxide Metal）电容为旋转金属交指电容，主要是利用同层多指金属线的边沿耦合电容并联，相邻层金属正交旋转（降低不同层直接耦合电容的影响），然后并连多层此类电容形成的电容器，如图 3-5 所示。设计参数包括在 X 和 Y 方向上的金属指的数量，金属指的宽度和空隙（W 和 S）以及起始金属和终止金属层（STM 和 SPM）。

STM 是一种较底层的金属，上面堆叠了两层以上的金属层（SPM–STM≥2）。NH 和 NV 允许为 6～288

的偶数，宽度和间距为 0.1～0.16μm。MOM 电容模型和参数范围如表 3-3 所示。

表 3-3　MOM 电容模型和参数范围

模型名字	类型	NV		NH		W/μm		S/μm		STM		SPM	
		min	max	min	max	min	max	min	max	min	max	min	max
crtmom_rf	MOM 电容	6	288	6	288	0.1	0.16	0.1	0.16	1	5	3	7

MOM 电容的模型符号如图 3-6(a)所示，其等效电路展示在图 3-6(b)中。

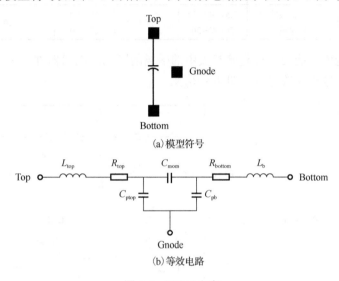

(a) 模型符号

(b) 等效电路

图 3-6　MOM 电容

其中，C_{mom} 是主电容器元件，取决于金属间的介电材料；R_{top} 和 R_{bottom} 是电极 Top 和 Bottom 的寄生电阻；L_a、L_b 是电极 a 和 b 的寄生电感；C_{ptop}、C_{pb} 是金属和多晶硅屏蔽层之间的等效电容。

3.1.3　集成电感

一般在低频集成电路和数字集成电路中不需要制作电感，也不能制作大电感。只有在设计射频集成电路时，才需要设计集成电感。在 65nm 工艺中提供三种八边形螺旋电感：标准电感、对称电感和含中心抽头的对称电感，如图 3-7 所示，每种电感都有保护环。

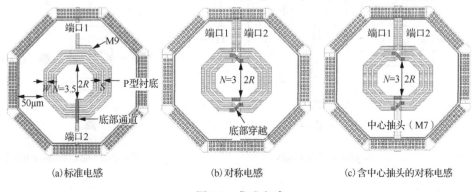

(a)标准电感　　　　　　　(b)对称电感　　　　　　(c)含中心抽头的对称电感

图 3-7　集成电感

电感模型和参数范围如表 3-4 所示。

表 3-4　电感模型和参数范围

模型名字	类型	$W/\mu m$	间距/μm	半径/μm	保护环距离/μm	匝数
spiral_std_mza_a	标准电感	$7.5 \leq W \leq 20$ $20 < W \leq 30$	2~4	15~90 20~90	10~50	0.5~5.5
spiral_sym_mza_a	对称电感	$7.5 \leq W \leq 20$ $20 < W \leq 30$	2~4	15~90 20~90	10~50	1~6
spiral_sym_ct_mza_a	含中心抽头的对称电感	$7.5 \leq W \leq 20$ $20 < W \leq 30$	2~4	15~90 20~90	10~50	1~6

注意：为了避免性能受渗透到硅基板中的磁场的影响，电感器件下不要放置任何器件。集成电感的模型符号和等效电路如图 3-8 所示。

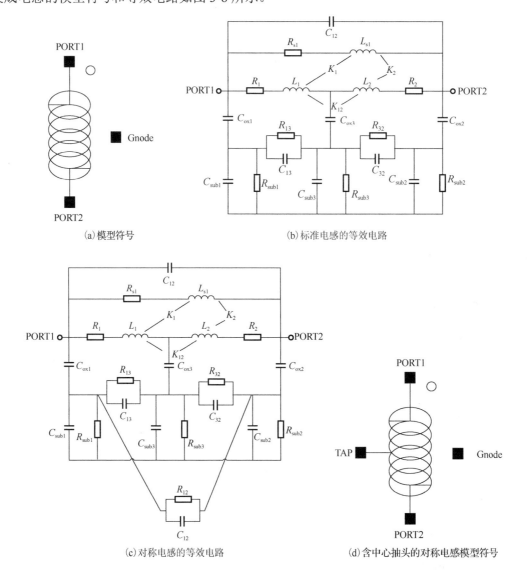

(a)模型符号　　(b)标准电感的等效电路

(c)对称电感的等效电路　　(d)含中心抽头的对称电感模型符号

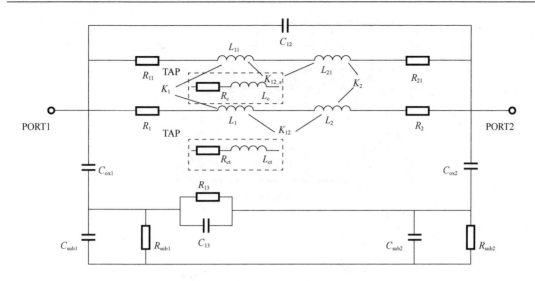

(e) 含中心抽头的对称电感的等效电路

图 3-8　集成电感的模型符号和等效电路

其中，L_1、L_2 是自感；K 是互感；R_1、R_2 是金属线等效串联电阻；C_{12} 是模拟端口 1 和端口 2 之间金属线边缘的耦合电容；L_{11}、L_{21} 是模拟金属线趋肤效应的等效电感；R_{11}、R_{21} 是模拟金属线趋肤效应和边缘效应的等效电阻；L_{ct}、R_{ct} 是模拟中心抽头金属的等效电感和等效电阻；C_{ox1}、C_{ox2}、C_{ox3} 是模拟金属线和衬底之间的氧化物电容；R_{13}、R_{12}、R_{32} 是模拟衬底间的耦合电阻；C_{13}、C_{32} 是模拟衬底间的耦合电容；R_{sub1}、R_{sub2}、R_{sub3} 是模拟 Si 衬底等效电阻；C_{sub1}、C_{sub2}、C_{sub3} 是模拟 Si 衬底等效电容。

3.2　有源器件及模型

有源器件（Active Devices），又称为主动器件，需要能量的来源从而实现它特定的功能，主要有二极管、BJT 和 MOS 管等。

3.2.1　二极管

RFIC 设计中用到的二极管主要有高电流二极管和肖特基势垒二极管两种。

1. 高电流二极管

高电流二极管主要用于静电保护（ESD Protection）的设计，有 N^+/PW 高电流二极管（ndio_hia_rf）和 P^+/NW 高电流二极管（pdio_hia_rf）两种，参数范围如表 3-5 所示。

表 3-5　高电流二极管模型和参数范围

模型名字	类型	阱	$W/\mu m$	$L/\mu m$		交指数	
			离散	min	max	min	max
ndio_hia_rf	高电流二极管	PW	0.6/0.8/1.6	5	40	1	3
pdio_hia_rf	高电流二极管	NW	0.6/0.8/1.6	5	40	1	3

高电流二极管的横截面示意图如图 3-9 所示。

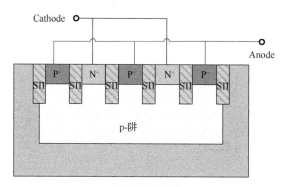

(a) N+/PW二极管

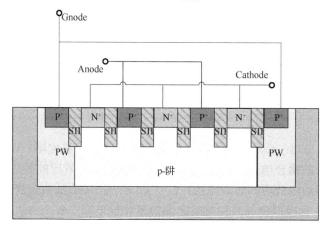

(b) P+/NW二极管

图 3-9　高电流二极管的横截面

N+/PW 高电流二极管(图 3-10(a))是二端器件,阳极(Anode)连接在 P+OD 区域并且与 p-阱欧姆接触,阴极(Cathode)由 N 条"交指(fn)"连接在一起,连接在 N+OD 区域。

P+/NW 高电流二极管(图 3-10(b))是三端器件,阳极(Anode)由 N 条"交指(fn)"连接在一起,连接在 P+OD 区域,阴极(Cathode)连接在 N+OD 区域并且与 n-阱欧姆接触。第三个电极(Gnode)需连接到地。

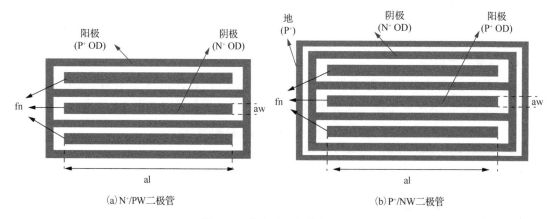

(a) N+/PW二极管　　　　　　　　　　　　(b) P+/NW二极管

图 3-10　高电流二极管的版图

高电流二极管的模型符号和等效电路如图 3-11 所示。

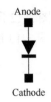

(a) N⁺/PW 高电流二极管模型符号

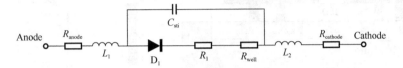

(b) N⁺/PW 高电流二极管等效电路

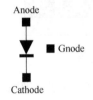

(c) P⁺/NW 高电流二极管模型符号

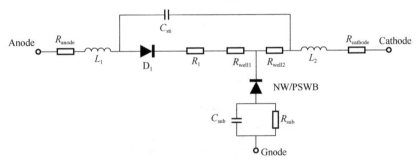

(d) P⁺/NW 高电流二极管等效电路

图 3-11 高电流二极管的模型符号和等效电路

其中，L_1、L_2 是阳极和阴极的总电感；R_{anode}、$R_{cathode}$ 是阳极和阴极的电阻；R_{well1}、R_{well2} 是 P⁺ 和 N⁺ 区之间的阱电阻；C_{sti} 是浅沟槽隔离区下 P⁺ 和 N⁺ 之间的电容；D_1 是 PN 结两端二极管；R_1 是二极管电阻；NW/PSWB 是跨 n-阱和 P 衬底的二极管；R_{sub}、C_{sub} 是 P 衬底的电阻和电容；C_{sub} 是由金属与衬底之间的寄生电容构成的。

2. 肖特基势垒二极管

肖特基势垒二极管有含有深 n-阱（Deep N-Well，DNW）和 n-阱两种，参数范围如表 3-6 所示。

表 3-6 肖特基势垒二极管模型和参数范围

模型名字	类型	阱	W/μm		L/μm		交指数	
			min	max	min	max	min	max
sbd_rf	肖特基势垒二极管	DNW	1	16	0.4	4	1	16
sbd_rf_nw	肖特基势垒二极管	NW	1	16	0.4	4	1	16

肖特基势垒二极管的横截面示意图如图 3-12 所示。

含深 n-阱肖特基势垒二极管的版图如图 3-13 所示。

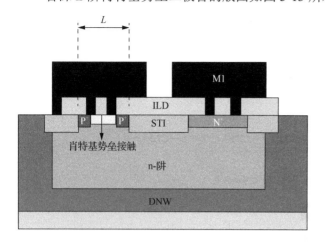

图 3-12　肖特基势垒二极管的横截面

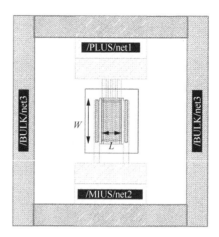

图 3-13　含深 n-阱肖特基势垒二极管的版图

肖特基势垒二极管的模型符号和等效电路如图 3-14 所示。

（a）模型符号

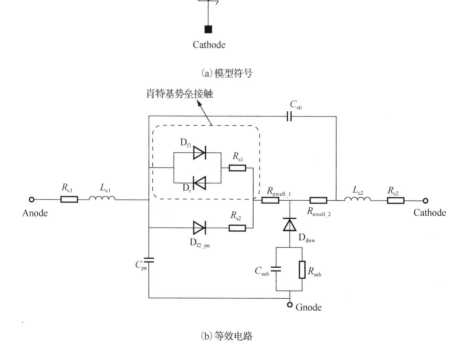

（b）等效电路

图 3-14　肖特基势垒二极管

3．二极管的 I-V 特性测试实验

本实验的目的在于学会用 Cadence 观察二极管的 I-V 特性。

1) 电路图

按照图 3-15 所示画出电路图。被测试的对象是 N⁺/PW 高电流二极管，其余元件为理想元件，分别为 "analogLib" 库中的 "vdc"、"res" 和 "gnd"。

2) 设置各元件参数

在这里要设置二极管的参数、电压源的参数和电阻的参数。二极管的参数设置如图 3-16 所示，是 N⁺/PW 高电流二极管，参数都采用默认设置。

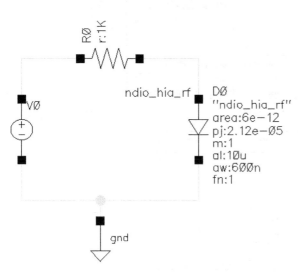

CDF Parameter	Value
Model name	ndio_hia_rf
description	N+/PW CORE diode
Diode_area	6e-12
Diode_peri	2.12e-05
Length_(M)	10u M
Width_(M)	600n M
Multiplier	1
FingerNum	1
Hard_constrain	✓
esd_dioType	NP
Cap@V=0_(F)	9.1808f F
Cap@ReverseVol_(F)	8.05363f F
ReverseVol_(V)	500.0m V

图 3-15　二极管测试电路图　　　　　　　　图 3-16　二极管的参数设置

电压源的参数设置如图 3-17 所示，其中，直流电压(DC voltage)设置为变量 "vin V"。和其他 EDA 软件类似，关键参数设置为变量的目的是方便后面参数扫描使用。

电阻的参数设置如图 3-18 所示，其中，电阻值设置在 "Resistance" 对应的文本框中，此处设置为默认 "1K Ohms"。

CDF Parameter	Value
Noise file name	
Number of noise/freq	0
DC voltage	vin V
AC magnitude	
AC phase	
XF magnitude	
PAC magnitude	
PAC phase	

图 3-17　电压源的参数设置(一)

CDF Parameter	Value
Model name	
Resistance	1K Ohms
Length	
Width	
Multiplier	
Scale factor	

图 3-18　电阻的参数设置

单击 "Check and Save" 保存结果。

3) 设置仿真参数

在原理图编辑框中，通过 "Launch" → "ADE L"，打开 "ADE" 窗口。

(1) 设置库路径。在 "ADE" 窗口中，选择 "Setup" → "Model Libraries"，确认工艺角为典型工艺(默认)，如图 3-19 所示。

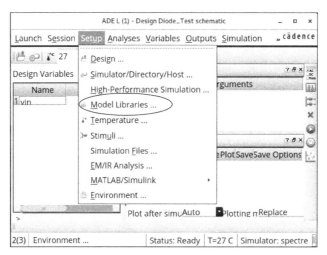

(a)"Setup"菜单

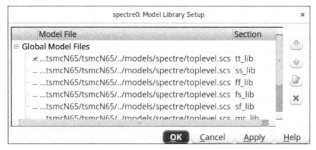

(b)选择工艺角

图 3-19　工艺角的选择

(2)编辑变量。在"ADE"窗口中,选择"Variables"→"Copy From Cellview"就会自动从原理图中提出相应的变量,电路图中的变量"vin"会被自动提出,如图 3-20 所示。

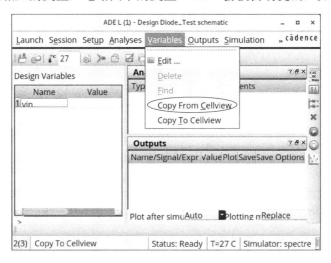

图 3-20　导入变量

选择变量"vin",通过"Variables"→"Edit"编辑变量(或直接双击变量名)。将初始值设置为"0",初始值可以任意,但一定要有,否则仿真会出错,如图 3-21 所示。

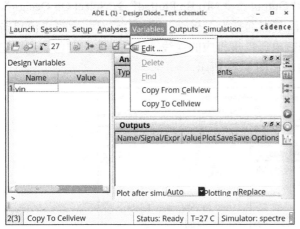

(a) "Variables" 菜单

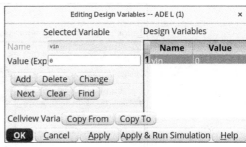

(b) 设置初始值

图 3-21　编辑参数

　　(3) 选择仿真类型。在 "ADE" 窗口中选择 "Analyses" → "Choose" 就会弹出分析类型
对话框 (ADE 对话框)，然后选择 Analysis (仿真类型) 为 "dc"。在 DC Analysis 中，设置 "Save
DC Operating Points" 属性为选中状态，用于直流工作点的确定和分析，设置 "Sweep Variable"
栏对应的 "Design Variable" 为选中状态，即可设置主扫描参数，此处设置 "Variable Name"
为变量 "vin"，扫描范围从 "0" 到 "1.2"，如图 3-22 所示。

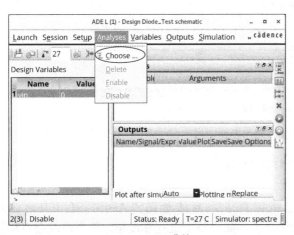

(a) "Analyses" 菜单

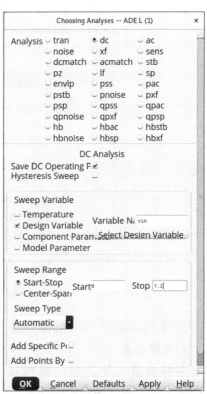

(b) 仿真设置

图 3-22　仿真类型设置

（4）输出设置。在"ADE"窗口中，选择"Outputs"→"To Be Plotted"→"Select On Design"，即可选择要观察的电流节点，本实验中电流节点选择为二极管的阳极。注意：观察电流单击元件的 pin 脚，会出现一个彩色圆圈；观察电压单击相应的连线，连线会改变颜色，选择完成后按键盘上的 ESC 键退出选择输出状态，如图 3-23 所示。

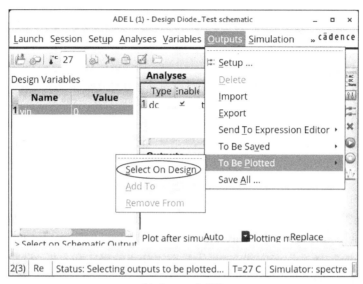

(a) "Outputs" 菜单

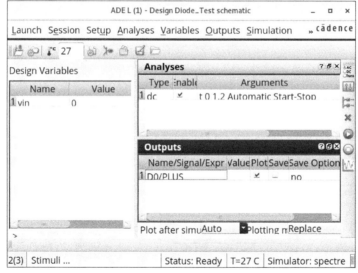

(b) 仿真设置

图 3-23　输出设置

选择"Session"→"Save State"保存当前的设置。

4）电路仿真

参数设置完毕之后，就可以开始电路仿真了。方法是在"ADE"窗口中，选择"Simulation"→"Netlist and Run"就开始仿真了，如果整个过程都没错，那么系统会自动输出之前设置好的观测对象，如图 3-24 所示。

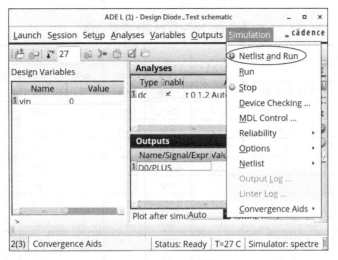

(a) "Simulation" 菜单

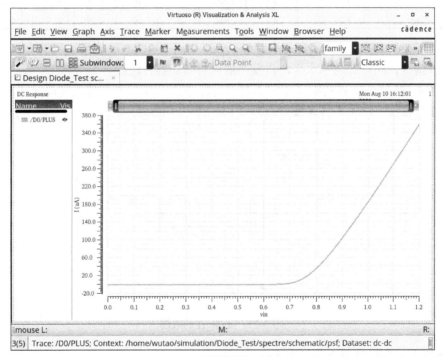

(b)仿真结果

图 3-24　仿真输出

可以看到该二极管的阈值电压大约是 0.7V。

3.2.2　MOS 管

1. MOS 管的模型

在所用的 65nm 工艺库中，包括 12 个 MOSFET 模型，其中 9 个用于低电压(1.2V)，3 个用于标称工作电压(2.5V 或 3.3V，以下以 3.3V 为例)。子电路模型名称、阱结构(N 阱或深 N 阱)、有效尺寸范围和允许的交指数在表 3-7 中列出。

表 3-7　MOS 管模型和参数范围

模型名字	类型	V_{DD}/V	阱	W/μm		L/μm		交指数	
				min	max	min	max	min	max
nmos_rf	1.2V 标准 Vt	1.2	DNW	0.6	6	0.06	0.24	1	32
pmos_rf	1.2V 标准 Vt	1.2	DNW	0.6	6	0.06	0.24	1	32
pmos_rf_nw	1.2V 标准 Vt	1.2	NW	0.6	6	0.06	0.24	1	32
nmos_rf_hvt	1.2V 高 Vt	1.2	DNW	0.6	6	0.06	0.24	1	32
pmos_rf_hvt	1.2V 高 Vt	1.2	DNW	0.6	6	0.06	0.24	1	32
pmos_rf_hvt_nw	1.2V 高 Vt	1.2	NW	0.6	6	0.06	0.24	1	32
nmos_rf_lvt	1.2V 低 Vt	1.2	DNW	0.6	6	0.06	0.24	1	32
pmos_rf_lvt	1.2V 低 Vt	1.2	DNW	0.6	6	0.06	0.24	1	32
pmos_rf_lvt_nw	1.2V 低 Vt	1.2	NW	0.6	6	0.06	0.24	1	32
nmos_rf_33	3.3V	3.3	DNW	1	10	0.38	0.70	1	32
pmos_rf_33	3.3V	3.3	DNW	1	10	0.38	0.70	1	32
pmos_rf_33_nw	3.3V	3.3	NW	1	10	0.38	0.70	1	32

注意：所有晶体管的工作偏置条件为 0～Vdd，并且 RF-CMOS 模型适用于功率小于 0.21W 的耗散功耗情况，超过此功率水平，自发热效应将降低器件性能。

典型的 4 端口 nmos_rf 的版图如图 3-25 所示。注意：工艺库还提供将深 n-阱和衬底单独引出的 6 端口模型，这里不再详细介绍。

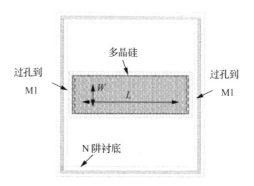

图 3-25　nmos_rf 的版图

MOS 管的模型符号如图 3-26 所示。

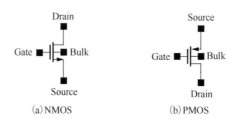

图 3-26　MOS 管的模型符号

NMOS 管的等效电路如图 3-27 所示，将二极管极性翻转，还能得到 PMOS 管的等效电路。

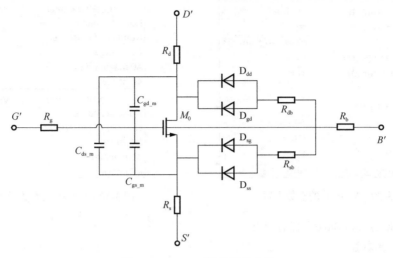

图 3-27　NMOS 管的等效电路

2．MOS 管的 I-V 特性测试实验

本实验的目的在于学会用 Cadence 观察 MOS 管的 I-V 特性。

1）电路图

按照图 3-28 所示画出电路图。被测试的对象是 NMOS 管（nmos_rf），其余元件为理想元件，分别为"analogLib"库中的"vdc"、"vdd"和"gnd"。

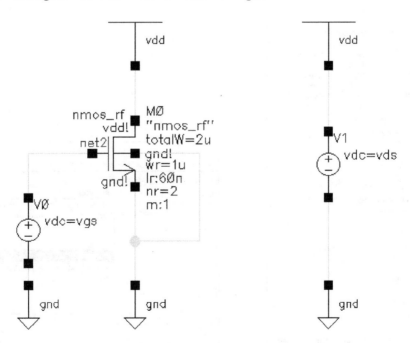

图 3-28　MOS 管测试电路

MOS 管参数设置如图 3-29 所示。

设置两个电压源参数，如图 3-30 所示，电压源 V0 的"DC voltage"值设为变量"vgs V"，电压源 V1 的值设为变量"vds V"。

CDF Parameter	Value
Model name	nmos_rf
description	ard VT PMOS transistor
Length_per_Finger(M)	60n M
Width_per_Finger(M)	1u M
Total width(M)	2u M
Number_of_Fingers	2
SA(LOD_effect)_(M)	564.286n M
SB(LOD_effect)_(M)	564.286n M
SD(Fingers_Spacing)_(M)	240.0n M
Well_Proximity_Effect	auto

图 3-29 MOS 管的参数设置

CDF Parameter	Value
Noise file name	
Number of noise/fre	0
DC voltage	vgs V
AC magnitude	
AC phase	

CDF Parameter	Value
Noise file name	
Number of noise/fre	0
DC voltage	vds V
AC magnitude	
AC phase	

图 3-30 电压源的参数设置(二)

单击"Check and Save"保存结果。

2)设置仿真参数

同上面所述,打开 ADE 仿真窗口,设置好"Model Library"路径和工艺角(与 3.2.1 节实验课的相同)。添加变量"vds"和"vgs",并设置初始值分别为"0"。接下来在仿真器中设置"DC Analysis"。在"DC Analysis"中对"vds"进行扫描,扫描范围从"0"变化到"1.2"。最后设置输出,这里要观察的是 MOS 管的漏电流,所以单击 MOS 管的漏极。设置好后的仿真窗口如图 3-31 所示。

(a)直流仿真设置

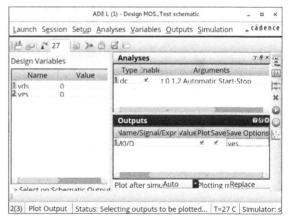

(b)输出设置

图 3-31 仿真的设置

在"ADE"窗口中,单击"»",选择"Tools"→"Parametric Analysis",弹出参量分析窗口(Parametric Analysis),以"vgs"作为参变量进行仿真,从"0"到"1.2","Step Mode"

选择为"Linear Steps"，"Step Size"(步进)为"0.3"，如图 3-32 所示。

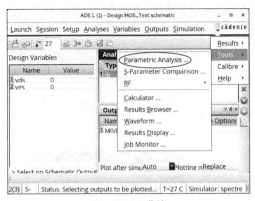 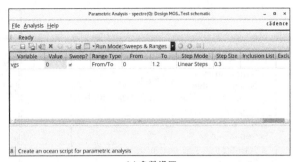

(a)"Tools"菜单　　　　　　　　　　　(b)参数设置

图 3-32　参数扫描设置(一)

3)仿真并观察 MOS 管输出特性曲线

在"Parametric Analysis"窗口中，选择"Analysis"→"Start All"开始扫描，如果无错，则会弹出输出窗口和信号波形(MOS 管的 I-V 输出特性曲线)，如图 3-33 所示。

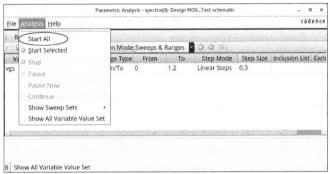

(a)"Analysis"菜单

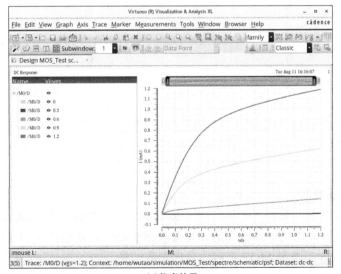

(b)仿真结果

图 3-33　输出特性曲线仿真

4）仿真并观察 MOS 管输入特性曲线

打开"ADE"窗口，变量"vds"的初始值为"1.2"，"vgs"的初始值为"0"，并扫描"vgs"，其余设置同前所述。设置好后的界面如图 3-34 所示。

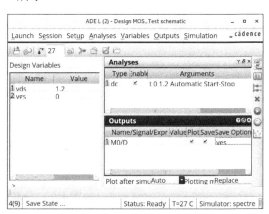

(a) 仿真设置及结果   (b) 仿真结果

图 3-34   仿真的设置

然后单击"Netlist and Run"就得到输出波形，如图 3-35 所示。

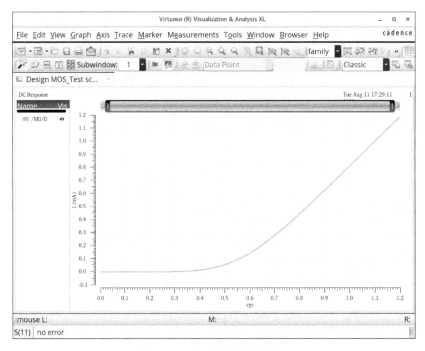

图 3-35   输入特性曲线仿真

5）MOS 管参数观察

在"ADE"窗口中，单击"»"，选择"Results"→"Print"→"DC Operating Points"，会弹出一个空白窗口，再在电路图上选择想要观察的器件，就会在空白窗口中显示所选器件的各种参数，图 3-36 是选择 MOS 管后的器件参数结果。

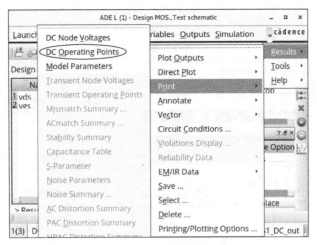

(a)"Results"菜单

signal	OP("/M0" "??")
beff	5.548n
betaeff	11.61m
cbb	224.9a
cbd	193.9z
cbdbo	193.9z
cbg	-221a
cbgbo	-221a
cbs	-4.098a
cbsbo	-4.098a
cdb	-231.6z
cdd	530.9a
cddbo	-105.1z
cdg	-533a
cdgbo	-2.004a
cds	2.34a
cdsbo	2.34a
cgb	-224.3a
cgd	-530.9a
cgdbo	69.13z
cgg	1.299f
cggbo	226a
cgs	-543.5a
cgsbo	-1.751a
cjd	0
cjs	0
covlgb	0
covlgd	531a
covlgs	541.8a
csb	-347.2z
csd	-157.9z

(b)参数窗口

图 3-36　器件参数结果

3．MOS 管栅极电容测试实验

通过本实验，学习使用 Cadence 仿真工具中的"calculator"，仿真 MOS 管的栅极电容。

1）电路图

为了简单化，本实验直接利用上一个实验的电路图，即图 3-28。

2）设置仿真参数

设置"vds"的初始值为"1.2"，"vgs"的初始值为"0"，仅做直流工作点仿真，如图 3-37 所示。

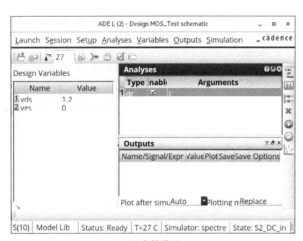

（a）参数设置　　　　　　　　　　　　　　　（b）仿真设置

图 3-37　仿真参数设置

在"ADE"窗口中，单击"»"，选择"Tools"→"Parametric Analysis"，弹出参量分析
（Parametric Analysis）窗口，仍以"vgs"作为参变量进行仿真，从"0"到"1.2"，"Step Mode"
选择为"Linear Steps"，"Step Size"（步进）为"0.1"，如图 3-38 所示。

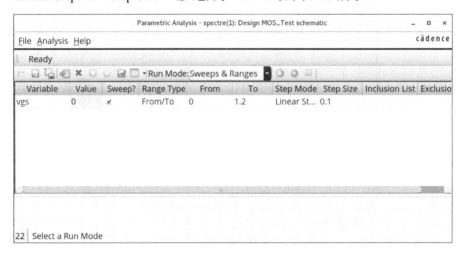

图 3-38　参数扫描设置（二）

单击"Analysis"→"Start"开始仿真。

3）仿真并观察 MOS 管栅极电容

在"ADE"窗口中，选择"Outputs"→"Setup"，在弹出的对话框中单击"Open"，打开
"Calculator"窗口，输入"-OP（"/M0""cgs"）"。注意：表达式区分大小写，并且中间有空格。
在表达式前加一个负号，否则画出来的曲线是相反的。对话框变为如图 3-39 所示。

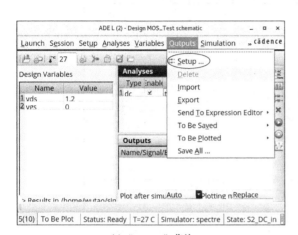

(a) "Outputs" 菜单　　　　　　　　　　　　　　　(b) "Calculator" 窗口

图 3-39　Calculator 的设置

在"Calculator"窗口中单击"Tools"→"Plot",就可以输出波形,得到 MOS 管的栅源电容随栅源电压变化的曲线,如图 3-40 所示。

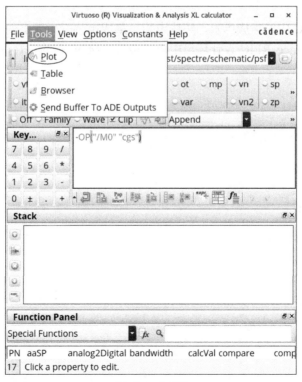

(a) "Tools" 菜单

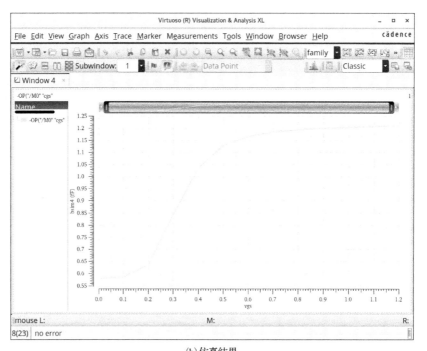

(b)仿真结果

图 3-40　MOS 管栅源电容随栅源电压变化曲线

3.3　小　　　结

　　本章介绍了 RFIC 中的集成电阻、集成电容、集成电感等无源器件和二极管、MOS 管等有源器件，并在 Cadence RFIC 设计环境中对二极管、MOS 管的特性进行了仿真，用于深入了解 CMOS 元器件。

第 4 章　CMOS 低噪声放大器的设计

低噪声放大器(Low Noise Amplifier，LNA)，简称低噪放，在射频接收机中承担着关键的角色，天线从传输信道接收微弱信号后，首先由低噪声放大器对信号进行放大，因此低噪声放大器的性能对射频接收机的整体信号质量起着至关重要的作用。

本章首先对低噪声放大器的一些基础知识进行介绍，然后介绍如何使用 Cadence Virtuoso IC 对低噪声放大器进行设计。

4.1　CMOS 低噪声放大器设计基础

由于低噪声放大器在射频接收机的前端，需要低噪声放大器尽可能产生低的噪声、高的增益，从而减少噪声对天线所接收的弱输入信号的影响。与此同时，低噪声放大器对相对较大的输入信号也应能够进行线性放大，因此低噪声放大器需具有较高的线性度。

本节首先对低噪声放大器的技术指标参数进行介绍，之后介绍几种常用的 CMOS 低噪声放大器结构。

4.1.1　低噪声放大器的技术指标

1. 噪声系数

噪声系数(Noise Figure，NF)是指输入端信噪比($\mathrm{SNR_{IN}}$)/输出端信噪比($\mathrm{SNR_{OUT}}$)，其表达式为

$$\mathrm{NF} = \frac{\mathrm{SNR_{IN}}}{\mathrm{SNR_{OUT}}} \tag{4-1}$$

通常用分贝数来表示：

$$\mathrm{NF(dB)} = 10\lg(\mathrm{NF}) \tag{4-2}$$

单级放大器的噪声系数的表达式为

$$\mathrm{NF} = \mathrm{NF_{min}} + 4R_n \frac{\left| \Gamma_s - \Gamma_{opt} \right|^2}{\left(1 - \left| \Gamma_s \right|^2\right)\left| 1 - \Gamma_{opt} \right|^2} \tag{4-3}$$

式中，$\mathrm{NF_{min}}$ 为晶体管的最小噪声系数，由晶体管本身决定；Γ_{opt} 为获得 $\mathrm{NF_{min}}$ 时的最佳源反射系数；R_n 为晶体管等效噪声电阻；参数 Γ_s 为输入端的源反射系数。

若低噪声放大器为多级放大器，其噪声系数的表达式为

$$\mathrm{NF} = \mathrm{NF_1} + \frac{\mathrm{NF_2} - 1}{G_1} + \frac{\mathrm{NF_3} - 1}{G_1 G_2} + \cdots \tag{4-4}$$

式中，$\mathrm{NF}_n(n=1,2,3,\cdots)$ 为第 n 级放大器的噪声系数；$G_n(n=1,2,3,\cdots)$ 为第 n 级放大器的功率增益。从式(4-4)可以看出，第 1 级的噪声系数和增益对整个系统的噪声性能有着极大的影响。因此在设计中第 1 级低噪声放大器应有尽可能小的噪声系数和尽可能高的增益。

2. 增益 G

增益包括转换功率增益(Transducer Power Gain，GT)、可用功率增益(Available Power Gain，GA)和功率增益(Power Gain，GP)。转换增益定义为传输给负载 R_L 的平均功率与信号源的最大可用功率之比：

$$G = \frac{P_L}{P_S} \tag{4-5}$$

其中，P_L 为负载从射频网络获得的实际功率；P_S 为射频网络从信号源获得的最大可用功率。

对于一个输入阻抗匹配的低噪声放大器而言，其总功率为有效跨导与负载阻抗的乘积，即

$$\left|g_{m,\text{eff}}\right| = g_m \cdot \frac{1}{2R_S\omega C_{gs}} = g_m \cdot Q_{\text{in}} = \frac{\omega_T}{2\omega R_S} \tag{4-6}$$

$$G_T = \left|g_{m,\text{eff}}\right| R_L = \frac{\omega_T}{2\omega R_S} R_L \tag{4-7}$$

其中，g_m 为晶体管的跨导；$g_{m,\text{eff}}$ 为有效跨导；Q_{in} 为输入信号到达晶体管栅极时的放大倍数；R_S 为输入阻抗；R_L 为负载电阻；ω 为角频率；ω_T 为截止角频率。

不失一般性，LNA 的小信号增益可以用 S 参数中的 S_{21} 来表征。

3. 稳定性

由于低噪放的增益较高，LNA 的首要条件为保持其工作频段内的稳定性，以避免可能出现的自激现象。通常采用稳定性 K-Δ 判据来判定 LNA 的稳定情况，K 和 Δ 的表达式为

$$K = \frac{1 + \left|\Delta\right|^2 - \left|S_{11}\right|^2 - \left|S_{22}\right|^2}{2\left|S_{21}\right|\left|S_{12}\right|} \tag{4-8}$$

$$\Delta = S_{11}S_{22} - S_{12}S_{21} \tag{4-9}$$

当 $K>1$ 且 $\Delta<1$ 时，LNA 电路对任何信号源和负载是无条件稳定的；当 $K<1$ 或 $\Delta>1$，则 LNA 电路存在不稳定因素，即有可能出现自激现象。

另外，还可以采用 Mu 判据来判定 LNA 的稳定情况，即

$$\text{Mu} = \frac{1 - \left|S_{11}\right|^2}{\left|S_{22} - S_{11}^*\Delta\right| + \left|S_{12}S_{21}\right|} \tag{4-10}$$

如果 Mu>1，则表示 LNA 电路是无条件稳定的。

图 4-1　1dB 压缩点

4. 线性度

线性度描述了电路由于非线性而引起的失真程度。在工程应用中可以采用 1dB 压缩点(1dB Compression Point，P_{1dB})和三阶截断点(Third-Order Intercept Point，IP3)来描述线性度。

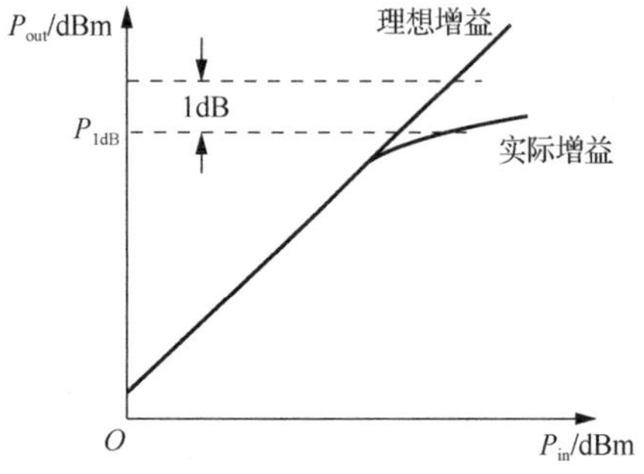

1)1dB 压缩点

当放大器的输入功率较低时，其输出功率会随着输入功率的增加而线性增长，其中功率增益为常数。随着输入功率的增大，由于受到了晶体管的非线性特性影响，放大器的功率增益会被压缩，从而限制了放大器的最大功率输出，如图 4-1 所示。

2) 三阶截断点

对于模拟微波通信来说，交调失真会产生邻近信道的串扰。对于数字微波通信来说，交调失真会降低系统的频谱利用率，并使误码率恶化。因此对于容量越大的系统，对 IP3 的要求越高，IP3 越高，表示系统具有越好的线性度和越少的失真。

通常用两个输入信号 f_1 和 f_2（假设 $f_1<f_2$）测试三阶交调，其输出交调信号非常丰富，如图 4-2 所示。而其中三阶交调的最大分量，出现在 $2f_1-f_2$ 和 $2f_2-f_1$ 处。

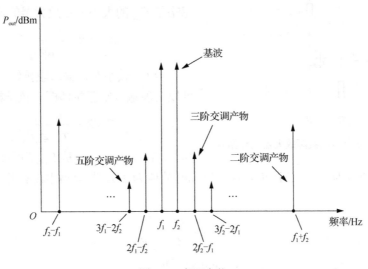

图 4-2　交调产物

三阶截断点是理想一阶输出曲线和理想三阶输出曲线的交点，如图 4-3 所示。

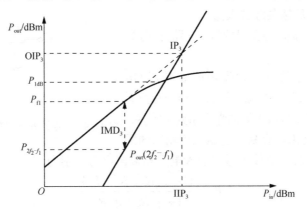

图 4-3　三阶截断点

5. 阻抗匹配

LNA 的阻抗匹配包括输入阻抗匹配和输出阻抗匹配，分别用 S 参数的 S_{11} 和 S_{22} 表示。

6. 反向隔离

反向隔离反映了 LNA 输出端与输入端之间的隔离度，用 S 参数的 S_{12} 表示。

4.1.2   CMOS 低噪声放大器的典型电路结构

1. 输入端并联电阻的共源放大器

输入端并联电阻的共源放大器的电路结构如图 4-4 所示。

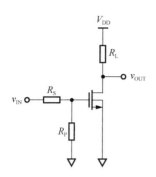

图 4-4   输入端并联电阻的共源放大器电路结构

输入端并联电阻的共源放大器结构特点是在输入端引入一个并联了一个 50Ω 的电阻 R_P，其中忽略了 C_{gd} 的大小，该放大器的输入阻抗为

$$Z_{in} = R_P // \frac{1}{j\omega C_{gs}} \qquad (4\text{-}11)$$

当 C_{gs} 较小时，输入阻抗约为 R_P。令 $R_P = R_S$，可以实现输入端阻抗匹配。该结构的噪声因子为

$$F = 2 + \frac{4\gamma}{\alpha} \cdot \frac{1}{g_m R_S} \qquad (4\text{-}12)$$

其中，$\alpha = g_m / g_{d0}$，g_{d0} 是 U_{DS} 为零时的漏源电导；γ 在 U_{DS} 为零时的值为 1，在长沟道器件中饱和时的值为 2/3。若电路中没有并联电阻 R_P，则噪声因子变为

$$F = 1 + \frac{\gamma}{\alpha} \cdot \frac{1}{g_m R_S} \qquad (4\text{-}13)$$

从式 (4-11) 和式 (4-12) 可以看出，并联电阻的加入，使得噪声系数会在 3dB 以上。虽然电路结构简单，容易实现，但是噪声性能较差。

2. 电压并联负反馈共源放大器

电压并联负反馈共源放大器的电路结构如图 4-5 所示。

由于在放大器之前没有含噪声的衰减器（电阻），因此电压并联负反馈共源结构放大器的噪声系数比输入端并联电阻结构放大器的噪声系数小得多。

由于采用反馈技术，容易实现输入和输出的同

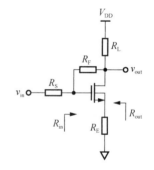

图 4-5   电压并联负反馈共源放大器电路结构

时匹配。当 C_{gs} 较小时，该放大器的输入电阻和输出电阻分别为

$$R_{in} = \frac{\left(1 + g_m R_E\right)\left(R_L + R_F\right)}{1 + g_m R_E + g_m R_L} \qquad (4\text{-}14)$$

$$R_{out} = \frac{\left(1 + g_m R_E\right)\left(R_S + R_F\right)}{1 + g_m R_E + g_m R_S} \qquad (4\text{-}15)$$

当 $R_S = R_L$ 时，则输入输出同时匹配。

3. 共栅放大器

共栅放大器的电路结构如图 4-6 所示。

该电路的输入阻抗为

$$Z_{in} = \frac{1}{g_m + j\omega C_{gs}} \qquad (4\text{-}16)$$

当 $\omega C_{gs} \ll g_m$ 时

$$Z_{in} = \frac{1}{g_m} \qquad (4\text{-}17)$$

若输入匹配即 $R_s = 1/g_m$，忽略晶体管栅极阻抗、Z_s 和 Z_L 引入的噪声，有

$$F = 1 + \frac{\gamma g_{d0}}{g_m} = 1 + \frac{\gamma}{\alpha} = \begin{cases} \dfrac{5}{3}, & \text{即}2.2\text{dB（长沟道）} \\ 3, & \text{即}4.8\text{dB（短沟道）} \end{cases} \qquad (4\text{-}18)$$

若考虑栅噪声，其噪声系数将明显变大。

4. 源简并电感型共源放大器

源简并电感型共源放大器的电路结构如图 4-7 所示。

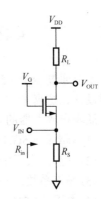

图 4-6 共栅放大器电路结构

忽略 C_{gd}，电路的输入阻抗近似为

$$Z_{in} = \frac{1}{j\omega C_{gs}} + j\omega(L_s + L_g) + \omega_T L_s \qquad (4\text{-}19)$$

式中，源极反馈电感 L_s 提供匹配电阻；栅极电感 L_g 可使输入回路谐振在工作频率，并优化噪声系数。该电路的噪声系数可近似表示为

$$F = 1 + \gamma g_{d0} R_s \left(\frac{\omega_0}{\omega_T} \right)^2 \qquad (4\text{-}20)$$

5. 共源共栅放大器

共源共栅（Cascode）放大器的电路结构如图 4-8 所示。该类放大器用到了两个 MOS 管，与单管共源放大器

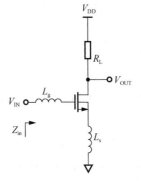

图 4-7 源简并电感型共源放大器电路结构

相比，具有更宽的工作带宽，更适用于射频放大器设计中。

将源简并电感和共源共栅相结合，利用 PCSNIM 技术（功率约束下的噪声和输入匹配），在保持输入阻抗匹配的同时，使系统获得的噪声系数也十分接近最小噪声系数（NF_{min}），从而实现噪声与阻抗的同步匹配，在 LNA 设计中具有很大的优势，其典型电路结构如图 4-9 所示。

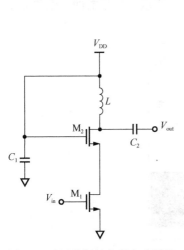

图 4-8 共源共栅放大器电路结构

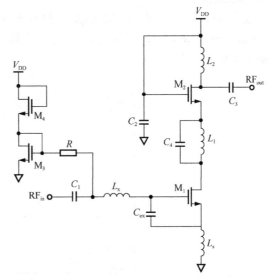

图 4-9 源简并电感共源共栅放大器电路结构

4.2 CMOS 低噪声放大器设计实例一

本节通过一个 5.5GHz 低噪声放大器来介绍利用 Cadence Virtuoso IC 进行低噪声放大器原理图设计、仿真参数设置、版图绘制等的基本方法和流程。

低噪声放大器的设计指标如下。

(1) 频率：5.5GHz。

(2) 增益：大于 15dB。

(3) 噪声系数：小于 4dB。

(4) 电压：1.2V。

本例选用 65nm CMOS 工艺来设计。

4.2.1 基本电路建立

首先搭建低噪声放大器的电路，具体步骤如下。

1. 启动"Virtuoso"窗口

在工作目录下，打开 Linux 的"终端"，在"终端"中依次输入"source .bashrc"和"virtuoso"，启动 Cadence Virtuoso IC 的"Virtuoso"窗口，如图 4-10 所示。

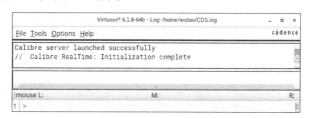

(a) Linux 系统下启动 Virtuoso 命令　　　　　　(b) Virtuoso 默认启动界面

图 4-10　"Virtuoso"窗口

2. 建立设计库

通过"Tools"→"Library Manager"打开库管理器。然后在"Library Manager"窗口中，通过"File"→"New"→"Library"新建一个库，如图 4-11 所示。如果前面已经建立了库，这一步可以跳过。

图 4-11　新建库

将该库命名为"Design"，如图 4-12 所示。

弹出提示，选择"Attach to an existing technology library"，并关联工艺库，如图 4-13 所示。

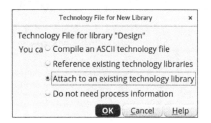

图 4-12　命名为"Design"　　　　　　图 4-13　关联工艺库

计算机中会生成"Design"的文件夹，以后所有的设计均放在该工作库中。

如果要打开已有的工作库，可以通过"Virtuoso"窗口中的"Tools"→"Library Manager"来实现。

3. 新建工作表

在"Library Manager"窗口中，选择工作库，再通过"File"→"New"→"Cell View"新建一个工作表，并命名为"LNA"作为低噪声放大器的设计，如图 4-14 所示。

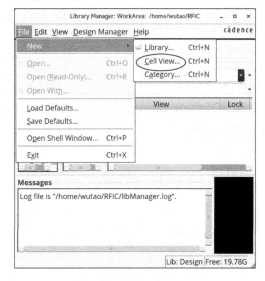

(a)新建文件命令窗口　　　　　　(b)创建新原理图对话框

图 4-14　新建一个工作表(一)

此时原理图编辑窗口会自动弹出。

在原理图编辑窗口中，通过"Create"→"Instance"插入元件；选择元件后，右击，选择"Properties"（快捷键 Q）修改元件参数；通过"Create"→"Wire"（快捷键 W）进行连线；通过"Create"→"Pin"（快捷键 P）放置引脚，输入端（IN）为"input"类型，输出端（OUT）为"output"类型。所设计的 LNA 电路原理图如图 4-15 所示。

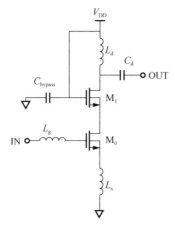

图 4-15　LNA 电路原理图

各元件预估电路参数如表 4-1 所示。

表 4-1　LNA 元件参数

元件	模型	电路参数
M_0	nmos_rf	Length = 60nm Width = 80μm
M_1	nmos_rf	Length = 60nm Width = 80μm
L_s	spiral_std_mza_a	L = 250pH
L_g	spiral_std_mza_a	L = 5nH
L_d	spiral_std_mza_a	L = 4nH
C_d	mimcap_um_sin_rf	C = 100fF
C_{bypass}	mimcap_um_sin_rf	C = 6.6pF

注意：电感也可以采用 spiral_std_mu_z 模型代替。

各元件参数设置如图 4-16 所示。

CDF Parameter	Value
Model name	nmos_rf
description	ard VT PMOS transistor
Length_per_Finger(M)	60n M
Width_per_Finger(M)	2.5u M
Total width(M)	80u M
Number_of_Fingers	32

(a) M_0

CDF Parameter	Value
Model name	nmos_rf
description	ard VT PMOS transistor
Length_per_Finger(M)	60n M
Width_per_Finger(M)	2.5u M
Total width(M)	80u M
Number_of_Fingers	32

(b) M_1

CDF Parameter	Value
Model name	spiral_std_mza_a
description	ayer, cross using AL-RDL)
Inductor_Width_(M)	7.5u M
Inner_Radius(M)	15.0u M
Number_Of_Turns	1.5
Spacing_(M)	3u M
Guard_Ring_Distance	50u M
temp(C)	27 C
freq(Hz)	2.4G Hz
Finder	
SweepPlotter(L_Q)	
Approx. inductance(H	257.558p H
Q_factor	5.422791e+00
Inductor_area_width	184.75u M
Inductor_area_length	190.0u M
TopMetal	6
multiplier	1

(c) L_s

CDF Parameter	Value
Model name	spiral_std_mza_a
description	ayer, cross using AL-RDL)
Inductor_Width_(M)	7.5u M
Inner_Radius(M)	56.0u M
Number_Of_Turns	4.5
Spacing_(M)	3u M
Guard_Ring_Distance	50u M
temp(C)	27 C
freq(Hz)	2.4G Hz
Finder	
SweepPlotter(L_Q)	
Approx. inductance(H	5.02023n H
Q_factor	7.734389e+00
Inductor_area_width	329.75u M
Inductor_area_length	335.00u M

(d) L_g

CDF Parameter	Value
Model name	spiral_std_mza_a
description	ayer, cross using AL-RDL)
Inductor_Width_(M)	7.5u M
Inner_Radius(M)	46.0u M
Number_Of_Turns	4.5
Spacing_(M)	3u M
Guard_Ring_Distance	50u M
temp(C)	27 C
freq(Hz)	2.4G Hz
Finder	
SweepPlotter(L_Q)	
Approx. inductance(H	4.07375n H
Q_factor	8.297358e+00
Inductor_area_width	309.75u M
Inductor_area_length	315.00u M

(e) L_d

CDF Parameter	Value
Model name	mimcap_um_sin_rf
Device Under mimca	
description	.th under metal shielding
select CAP	MIM_1.0fF
Entry_mode	l_&_w
Approx. capacitance(	110.852f F
Length(M)	10u M
Width(M)	10u M
multiplier	1

(f) C_d

CDF Parameter	Value
Model name	mimcap_um_sin_rf
Device Under mimca	
description	.th under metal shielding
select CAP	MIM_1.0fF
Entry_mode	l_&_w
Approx. capacitance(	6.65363p F
Length(M)	80u M
Width(M)	80u M
multiplier	4

(g) C_{bypass}

图 4-16　元件参数设置

完整的 LNA 电路原理图如图 4-17 所示。

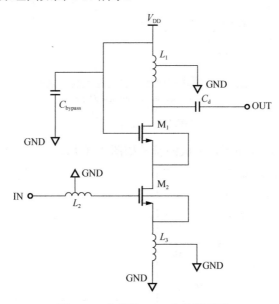

图 4-17　完整的 LNA 电路原理图

4. 创建符号

在原理图编辑(Schematic Editor)窗口中,通过"Create"→"Cellview"→"From Cellview"创建符号,如图 4-18 所示。

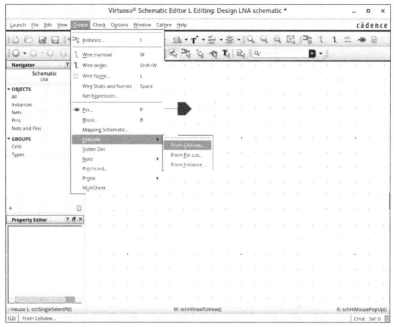

(a)创建符号命令窗口

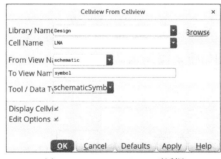

(b)Cellview From Cellview 对话框

图 4-18　创建符号

符号布局设定如图 4-19 所示,生成的符号如图 4-20 所示。

图 4-19　符号布局设定　　　　　　　　　　图 4-20　生成的符号

4.2.2 测试电路建立

在"Library Manager"窗口中,选择工作库,再通过"File"→"New"→"Cell View"新建一个工作表,并命名为"LNA_TB",将其作为低噪声放大器的仿真测试电路,如图 4-21 所示。

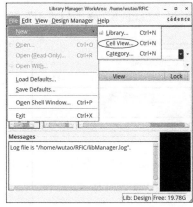

(a)新建测试电路原理图命令窗口

(b)新建原理图设置对话框

图 4-21 新建一个工作表(二)

此时原理图编辑窗口会自动弹出。搭建 LNA 仿真测试电路,如图 4-22 所示。

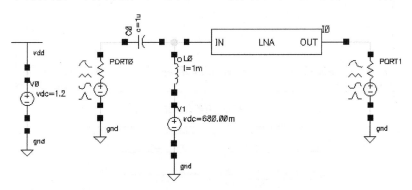

图 4-22 LNA 仿真测试电路

各元件参数设置如表 4-2 所示。

表 4-2 LNA 仿真测试电路元件参数

元件	库	模型	参数
vdd	analogLib	vdd	—
gnd	analogLib	gnd	—
V0	analogLib	vdc	DC voltage = 1.2V
V1	analogLib	vdc	DC voltage = 0.68V
PORT0	analogLib	port	Resistance = 50Ω
PORT1	analogLib	port	Resistance = 50Ω
C0	analogLib	cap	$C = 1\mu F$
L0	analogLib	ind	$L = 1mH$
I0	LNA	LNA	—

4.2.3　电路仿真

在仿真之前，需要对仿真电路执行"Check and Save"，若没有问题，再进行下一步。

1. "dc"仿真——直流工作点

在"LNA_TB"的"Schematic Editor"窗口中，通过"Launch"→"ADE L"打开仿真器，自动弹出"ADE L"窗口，如图 4-23 所示。

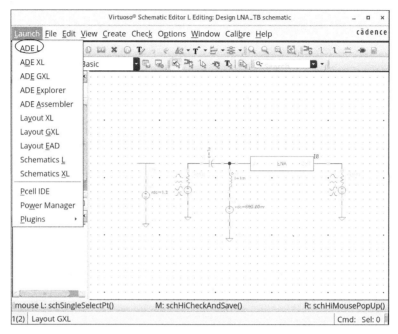

(a) 打开仿真器命令窗口

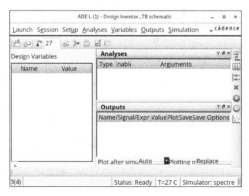

(b) 仿真器设置窗口

图 4-23　打开仿真器

在"ADE L"窗口中，选择"Setup"→"Model Libraries"，确认工艺角为典型工艺(tt_lib)，如图 4-24 所示。

在"ADE L"窗口中，通过"Variables"→"Copy From Cellview"就会自动从原理图中提出相应的变量，在本例中并没有用到变量，所以此步跳过。通过"Analyses"→"Choose"，启动仿真设置窗口，如图 4-25 所示。

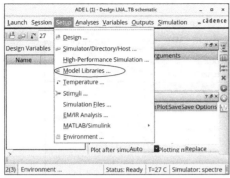
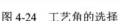

图 4-24　工艺角的选择

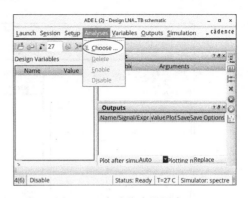

图 4-25　启动仿真设置窗口

首选设定仿真类型为"dc"，即直流参数仿真，如图 4-26 所示。

在"ADE L"窗口中，通过"Simulation"→"Netlist and Run"启动仿真，如图 4-27 所示。

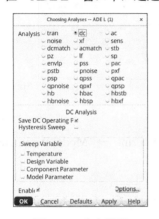

图 4-26　仿真设置

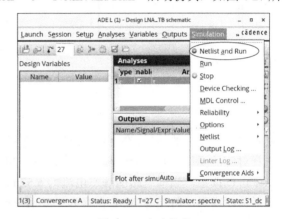

图 4-27　启动仿真

显示直流工作点的结果，可以在原理图中，通过"View"→"Annotations"来进行直观查看，如图 4-28 所示。

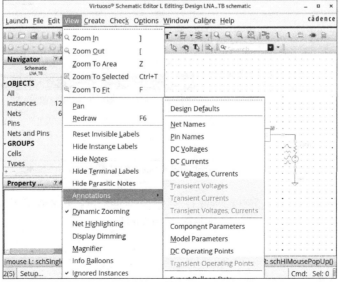

(a)

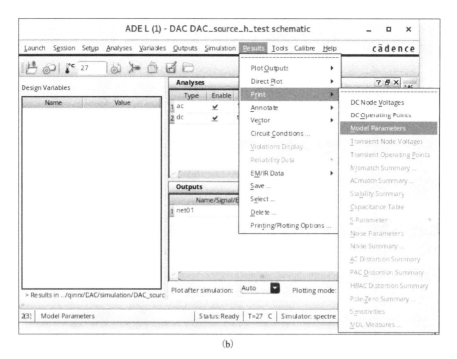

(b)

图 4-28　直流仿真结果查看

要查看更为详细的结果，在 ADE L 环境中选择"Results"→"Print"→"Model Parameters"，然后选择对应的元件，其响应的模型参数如图 4-28(b)所示。

从中可以读出，当前电路的静态电流为 6.52mA。

最后关闭窗口，将当前 ADE 保存为"Sim1_dc"，如图 4-29 所示。

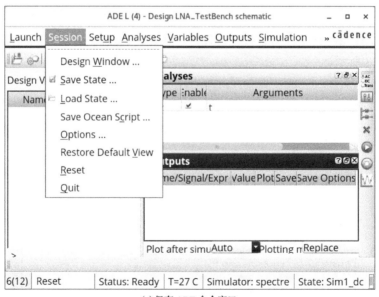

(a)保存 ADE 命令窗口

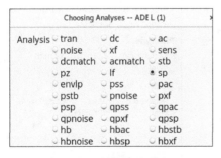

(b) 保存 ADE 设置对话框

图 4-29　保存 ADE 设置

2. "sp" 仿真——小信号仿真

1) 小信号 S 参数仿真

小信号 S 参数的仿真在 "LNA_TestBench" 原理图中进行。启动 "ADE L" 窗口，设定仿真类型为 "sp"，即 S 参数仿真，如图 4-30 所示。

在 "S-Parameter Analysis" 部分，单击 "Select" 按钮，然后在原理图中选择所需的端口。在本例中，选择了 "PORT0"（输入端）和 "PORT1"（输出端）两个端口，如图 4-31 所示。

图 4-30　仿真类型设置　　　　　　　　　　图 4-31　S 参数分析设置

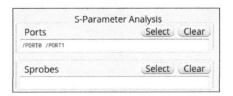

选择 "Sweep Variable" 为 "Frequency"，"Sweep Range" 为 "1G" 到 "10G"，"Sweep Type" 为 "Linear"，"Step Size" 为 "0.05G"，如图 4-32 所示。

　　选择"yes"进行噪声模拟，并将"PORT1"选择为 Output port（输出端口），将"PORT0"选择为 Input port（输入端口）。最后使能该仿真，如图 4-33 所示。

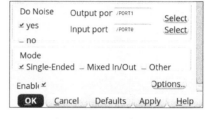

图 4-32　扫描参数设置　　　　　　　　　图 4-33　噪声分析设置

　　仿真结束后，单击"»"展开菜单，单击"Results"→"Direct Plot"→"Main Form"打开窗口，如图 4-34 所示。

　　选择 Plot Type（作图类型）为"Rectangular"，选择"dB20"将四个 S 参数显示出来，如图 4-35 和图 4-36 所示。

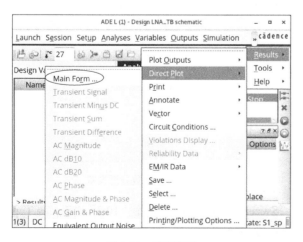

图 4-34　结果查看　　　　　　　　　　图 4-35　选择作图类型

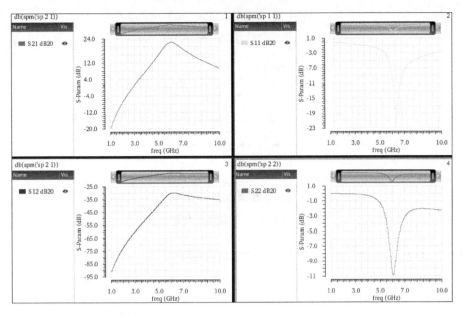

(a) Cadence Virtuoso IC 仿真结果

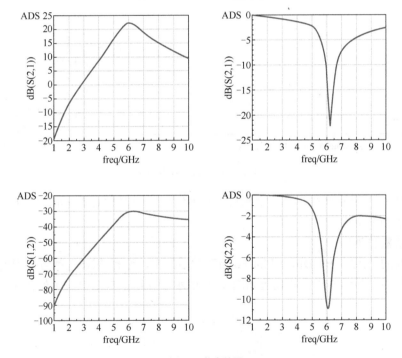

(b) ADS 仿真结果

图 4-36　S 参数仿真结果显示

从图 4-36 中可以读出 S_{11}= −4.6dB@5.5GHz，S_{12}= −33.65dB@5.5GHz，S_{21}=20.183dB@5.5GHz，S_{22}= −3.661dB@5.5GHz。

2）稳定因子仿真

关闭上面的结果，在"Direct Plot Form"对话框中，选择"Kf"就可以得到稳定因子随频率变化的曲线，如图 4-37 和图 4-38 所示。

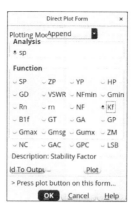

图 4-37　稳定因子设置

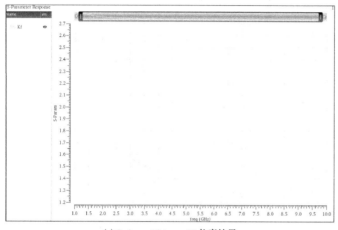

(a) Cadence Virtuoso IC 仿真结果

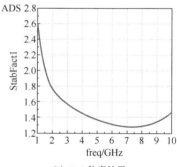

(b) ADS 仿真结果

图 4-38　稳定因子结果显示

从图 4-38 中可以看出在仿真的全频段都是 Kf>1，电路是稳定的。如果出现 Kf<1 的情况，需在电路中增加稳定措施。

3) 噪声系数仿真

关闭上面的结果，在"Direct Plot Form"对话框中，选择"NF"就可以得到噪声系数随频率变化的曲线，显示噪声系数设置如图 4-39 所示，噪声系数结果显示如图 4-40 所示。

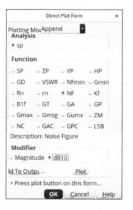

图 4-39　显示噪声系数设置

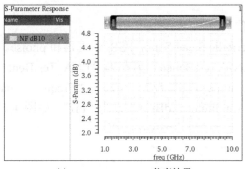
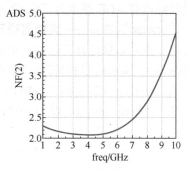

(a) Cadence Virtuoso IC 仿真结果　　　　　　　(b) ADS 仿真结果

图 4-40　噪声系数结果显示

该电路的小信号噪声系数为 2.143dB@5.5GHz。

4) 增益仿真

利用小信号 S 参数仿真，还可以查看不同的增益，包括转换功率增益、可用功率增益和功率增益，显示增益设置如图 4-41 所示，显示增益结果如图 4-42 所示。

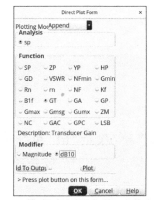

(a) 查看转换功率增益设置对话框　　(b) 查看可用功率增益设置对话框　　(c) 查看功率增益设置对话框

图 4-41　显示增益设置

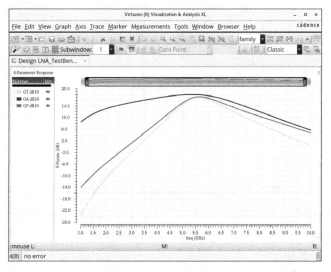

图 4-42　显示增益结果

最后将当前 ADE 保存为"Sim2_sp"。

3. "pnoise"仿真——大信号噪声系数仿真

大信号噪声系数仿真可以用周期稳态(Periodic Stead State，PSS)仿真器和 pnoise。需要对测试电路(Test Bench)进行修改，这里将"LNA_TestBench"另存为"LNA_TestBench2"，打开"LNA_ TestBench2"，将"PORT0"的"Source type"设为"sine"，"Frequency name 1"设为"RF"，"Frequency 1"设为"frf Hz"，"Amplitude 1 (dBm)"设为"prf"，如图 4-43 所示。

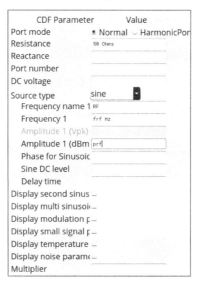

图 4-43　输入端口的设置

新建"ADE L"窗口，通过"Variables"→"Copy From Cellview"导入变量"frf"和"prf"，如图 4-44 所示。

双击变量，为变量赋值：frf=5.5G，prf=−20，如图 4-45 所示。

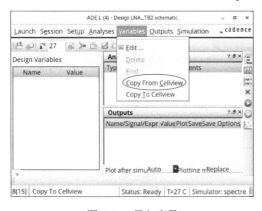 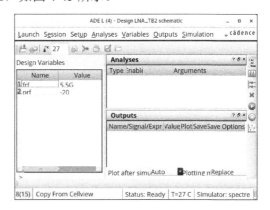

图 4-44　导入变量　　　　　　　　　图 4-45　变量赋值

在"ADE"窗口中，通过"Analyses"→"Choose"弹出仿真器设置窗口，选择"pss"进行仿真设置，在"Fundamental Tones"中选择"RF"，在"Beat Frequency"文本框填入"5.5G"，"Number of harmonics"填入"3"，"Accuracy Defaults (errpreset)"项选择"moderate"，其余保持默认，如图 4-46 所示。

选择"ADE L"窗口中的"Analyses"→"Choose"，选择"pnoise"进行仿真设置。在

"Sweeptype"中的"Start"填入"1G","Stop"填入"10G","Sweep Type"为"Linear","Step Size"为"0.05G"。在"Maximum sideband"输入"10",如图 4-47 所示。

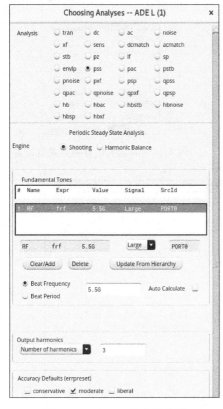

图 4-46　"pss"仿真器设置

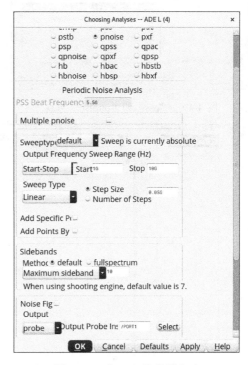

图 4-47　"pnoise"设置(一)

选择"Noise Fig",分别单击在"Output"和"Input Sourse"后的"Select",在原理图上选择对应的端口。在"Enter in field"填入"0",如图 4-48 所示。

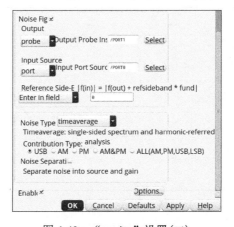

图 4-48　"pnoise"设置(二)

这里同时开启了"pss"和"pnoise"两个仿真器,如图 4-49 所示。

开启仿真,仿真结束后在作图时,选择"pnoise"和"Noise Figure"就可以得到大信号下的噪声系数,如图 4-50 所示,大信号噪声系数结果显示如图 4-51 所示。

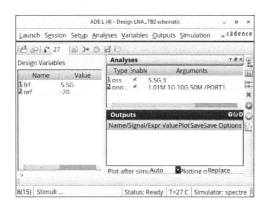

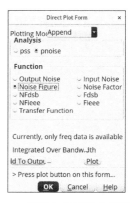

图 4-49   "pss"和"pnoise"仿真   图 4-50   显示大信号噪声系数设置

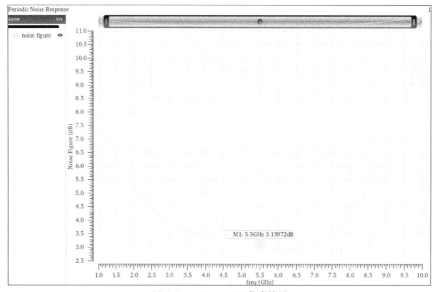

(a) Cadence Virtuoso IC 仿真结果

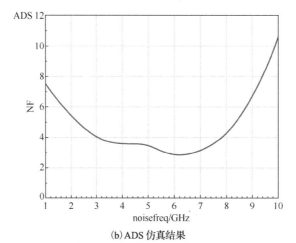

(b) ADS 仿真结果

图 4-51   大信号噪声系数结果显示

该电路的大信号噪声系数为 3.141dB@5.5GHz。

最后将当前 ADE 保存为"Sim3_NF_pnoise"。

4. "hb" 仿真——1dB 压缩点仿真

1dB 压缩点仿真用的是谐波平衡(Harmonic Balance，HB)仿真器。在 "LNA_TestBench2" 电路图中启动 "ADE L"。仿真器设置时选择 "hb" 仿真器，在 "Fundamental Frequency" 输入 "5.5G"，"Number of Harmonics" 输入 "3"，"Oversample Factor" 填入 "1"，如图 4-52 所示。

"Accuracy Defaults" 选择为 "moderate"。选择 "Sweep"，"Variable Name" 选择或者填入 "prf"，"Start"(初始值)、"Stop"(结束值)和 "Step Size"(步长)分别设置为 "–30"、"0" 和 "1"，如图 4-53 所示。

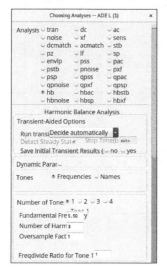 

图 4-52　"hb" 仿真设置(一)　　　　　　　图 4-53　"hb" 仿真设置(二)

开启仿真，仿真结束后在作图时，选择 "hb" 和 "Compression Point" 项。选择 "Output Referred 1dB Compression"，"1st Order Harmonic" 选择 "5.5G"，如图 4-54 所示。

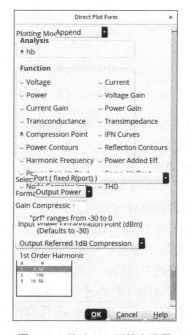

图 4-54　显示 1dB 压缩点设置

在原理图中选择输出端口，弹出仿真结果，如图 4-55 所示。

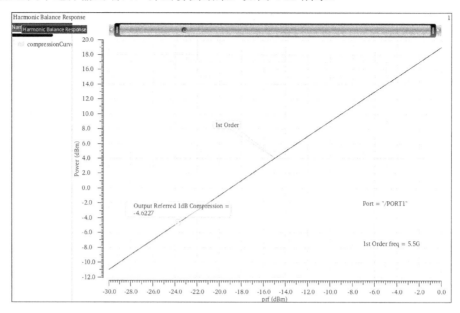

（a）Cadence Virtuoso IC 仿真结果

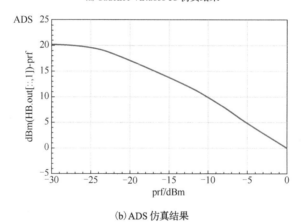

（b）ADS 仿真结果

图 4-55　1dB 压缩点仿真结果显示

从图 4-55 中可以看出输出 1dB 压缩点为–4.6227dBm。

最后将当前 ADE 保存为 Sim4_1dB_hb。

5. "hbac" 仿真——IP3 仿真

三阶交调截断点（IP3）的仿真可以用 HB+HBAC（交流）或 PSS+PAC（周期性交流小信号）等多种方法完成。首先介绍用 HB+HBAC 仿真 IP3。

将"LNA_TestBench2"另存为"LNA_TestBench3"，打开"LNA_TestBench3"。编辑输入端口，保留和之前输入端口相同的参数，使能"Display small signal params"，将"PAC Magnitude（dBm）"设为"prf"。修改完以后，一定要单击"Check and Save"，如图 4-56 所示。

在"LNA_TestBench3"打开"ADE L"并进行参数赋值。首先设置 hb 仿真器，这一部分和前面"hb"仿真器的设置基本相同，选择"Sweep"，将"Variable"设为"prf"，"Start"、"Stop"和"Step Size"分别设置为"–50"、"0"和"1"，如图 4-57 所示。

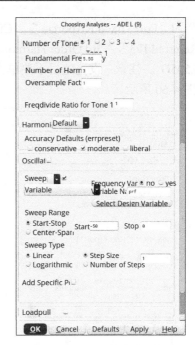

图 4-56　输入端口设置　　　　　　　　　　图 4-57　"hb"仿真器的设置

在"ADE L"窗口中，通过"Analyses"→"Choose"，选择仿真类型为"hbac"。在"Harmonic Balance AC Analysis"中，设置"Input Frequency Sweep Range (Hz)"的类型为"Single-Point"，"Frequency"为"5.505G"，如图 4-58 所示。

此时"ADE L"窗口如图 4-59 所示。注意：两个仿真器都需要使能。

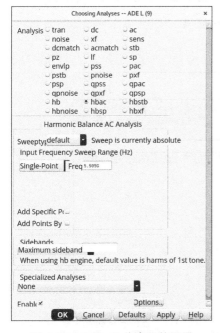

图 4-58　"hbac"仿真器的设置

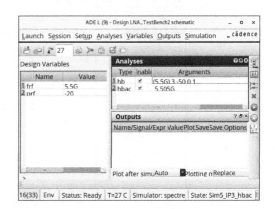

图 4-59　"ADE L"窗口显示

开始仿真，待仿真结束后，在"ADE L"窗口中，单击"Result"→"Direct Plot"→"Main Form"。在"Direct Plot Form"对话框中，选择"Analysis"为"hbac"，"Function"为"IPN Curves"，

"Select"为"Port（fixed R（port））"，"Circuit Input Power"为"Variable Sweep（"prf"）"，选择"Input Referred IP3"，"3rd Order Harmonic"选择为"−2 5.495G"，"1st Order Harmonic"选择为"0 5.505G"。注意：设置完后不要单击"OK"，而是在原理图中选择"PORT1"，即输出端口，如图 4-60 所示。

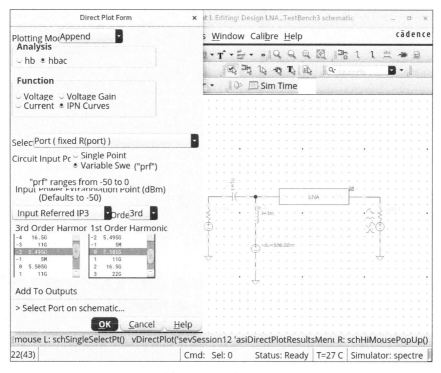

图 4-60　IP3 结果设置

得到该电路的 IP3 仿真结果，如图 4-61 所示。

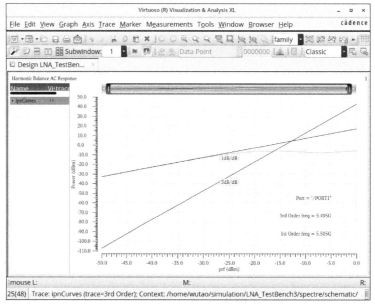

（a）Virtuoso Cadence IC 仿真结果

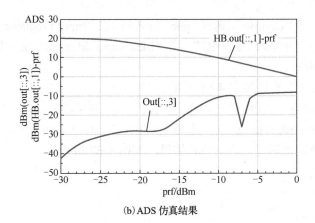

(b) ADS 仿真结果

图 4-61　IP3 仿真结果显示

最后关闭窗口，将当前 ADE 保存为"Sim5_IP3_hbac"。

6. "pac"仿真——IP3 仿真

在"LNA_TestBench3"中启动"ADE L"并导入变量，仍然设置为 frf=5.5G，prf=-20。选择"Analyses"→"Choose"，选择"pss"仿真器。在"Fundamental Tones"中选择"RF"，在"Beat Frequency"中填入"5.5G"，"Number of harmonics"填入"3"，如图 4-62 所示。

"Accuracy Defaults"项选择"moderate"；选择"Sweep"，将"Variable"设为"prf"，"Start"、"Stop"和"Step Size"分别设置为"-50"、"0"和"1"，如图 4-63 所示。

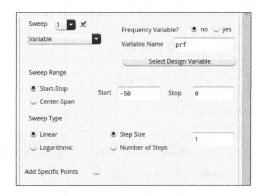

图 4-62　"pss"仿真设置（一）　　　　　　图 4-63　"pss"仿真设置（二）

选择"Analyses"→"Choose"，选择"pac"仿真器。在"Input Frequency Sweep Range（Hz）"处选择"Single-Point"并输入"5.505G"，在"Maximum sideband"文本框输入"2"，其余保持默认，如图 4-64 所示。

设置好的"ADE L"窗口如图 4-65 所示。

开启仿真，仿真结束后在作图时，选择"pac"和"IPN Curves"。"3rd Order Harmonic"选择"5.495G"，"1st Order Harmonic"选择"5.505G"，如图 4-66 所示。

在原理图中选择输出端口，弹出仿真结果，如图 4-67 所示。

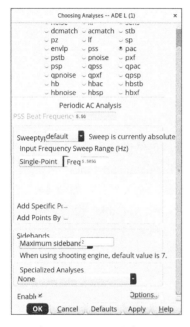

图 4-64　"pac"仿真设置

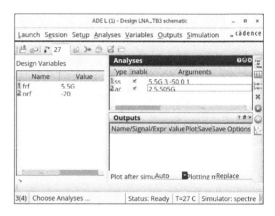

图 4-65　设置好的"ADE L"窗口

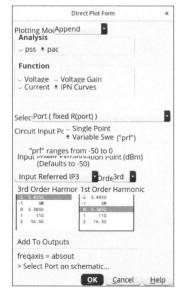

图 4-66　查看 PAC 结果

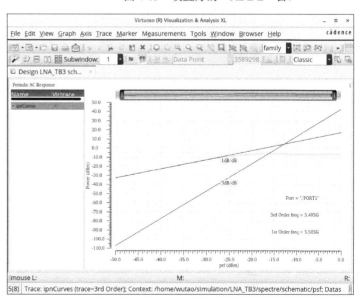

图 4-67　IP3 仿真结果

最后将当前 ADE 保存为"Sim6_IP3_pac"。

4.3　CMOS 低噪声放大器设计实例二

本节以栅极电感峰化低噪放（LNA）电路为例，简单介绍 LNA 设计的基本原理和过程，在 Cadence 平台上完成电路和版图仿真，并分析设计结果。

4.3.1　设计原理

栅极电感峰化 LNA 电路原理图如图 4-68 所示，三级共源提供足够的增益和负反馈，采用不同于前面的第三极供电，是为了保证第一级栅极直流电平大小，避免在输入端加入电流源进行电平移位，减小了噪声系数。

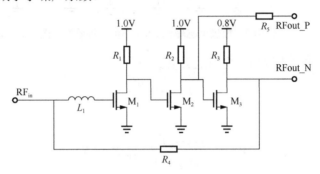

图 4-68　栅极电感峰化 LNA 电路原理图

为了将 LNA 的高频处增益提高，在输入晶体管栅极输入端添加了一个 2 圈 45 μm 半径的小电感。仿真发现，频率响应曲线在 6GHz 处会有峰值，这样也拓展了 LNA 的带宽。

设计中需要注意的是：第一级晶体管尺寸设计较大，跨导较大，提供比较高的增益。这样提供了比较大的开环增益，并且降低了后级放大器对噪声系数的影响，但是较高的增益带来了较大的功耗。第二级晶体管尺寸相对小，提供较小的增益，太大会导致放大倍数过大，输入信号提前被压缩，造成线性度下降。而且需要保证输出结点的极点位置在较高频率处，同时差分输出两端分别从 M_2 和 M_3 的漏极取出，为了保证两路的幅度相位平衡度，第三级放大倍数基本为 1，同时在 M_2 输出加入了平衡电阻 R_5，保证两路相位差值尽可能在 180° 左右。两路输出直接接下一级混频器的栅极输入端，驱动容性负载。

LNA 具体设计参数如表 4-3 所示。

表 4-3　LNA 具体设计参数

元件	参数（W/L）	元件	参数
M_1	96 μm/0.13 μm	R_3	118Ω
M_2	30 μm/0.13 μm	R_4	244Ω
M_3	24 μm/0.13 μm	R_5	118Ω
—	—	L_1	0.56nH
—	—	R_1	58Ω
—	—	R_2	200Ω

画出该电路的小信号等效电路如图 4-69 所示，进行进一步分析。为了方便分析，忽略密勒电容和晶体管漏极输出电容，仅考虑第一级晶体管栅极输入电容 C_{gs}，因为它会和栅极电感串联谐振在某些频点对晶体管的增益、噪声和输入匹配产生影响。小信号等效电路的电压放大倍数为 A_V，输入阻抗 Z_{in}。

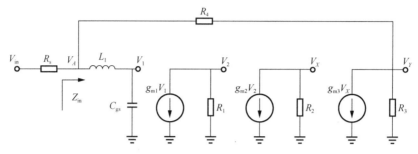

图 4-69 栅极电感峰化 LNA 小信号等效原理图

电压分别从 X、Y 节点取出，电压放大倍数为

$$A_V = \frac{V_X - V_Y}{V_{in}} \tag{4-21}$$

容易得到

$$
\begin{aligned}
V_X &= \frac{(1/sC_{gs})V_A}{(1/sC_{gs}) + sL_1} g_{m1}R_1 g_{m2}R_2 \\
V_Y &= -g_{m3}R_3 V_X \\
V_X - V_Y &= (1 + g_{m3}R_3)V_X
\end{aligned}
\tag{4-22}
$$

其中，$V_A = \dfrac{R_{in}V_{in}}{R_{in} + R_s}$，可以计算出 A 点向右看过去的电路输入阻抗为

$$Z_{in} = \frac{R_4 L_1 C_{gs} s^2 + R_4}{L_1 C_{gs} s^2 + R_4 C_{gs} s + g_{m1}R_1 g_{m2}R_2 g_{m3}R_3 + 1} \tag{4-23}$$

在上面的分析中，如果考虑沟道调制效应，可以把 R_1、R_2、R_3 分别修正成 $R_1//r_{O1}$、$R_2//r_{O2}$、$R_3//r_{O3}$。

注意：由于采用了反馈电阻，很有可能导致放大器工作在不稳定状态，需要综合考虑开环环路相位裕度，使其不小于 60°，以及放大器的稳定因子大小，需要保证在全频段大于 1。

4.3.2 电路仿真

搭建仿真电路如图 4-70 所示。

LNA 增益与噪声系数仿真结果如图 4-71 所示。从图中可以看出其带宽达到了 8GHz，噪声系数在 3.5dB 左右，相比于噪声抵消 LNA 略大，这是因为反馈电阻热噪声产生的影响，这也验证了放大器带宽和噪声的互相矛盾的属性。

差分两路增益和相位不平衡度仿真如图 4-72 所示，增益幅度差值在 1dB 上下，相位差值在 6° 以内，平衡度较好。

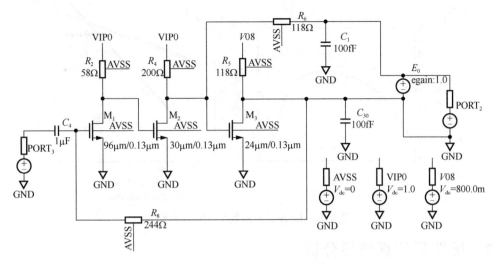

图 4-70　LNA 原理图仿真电路

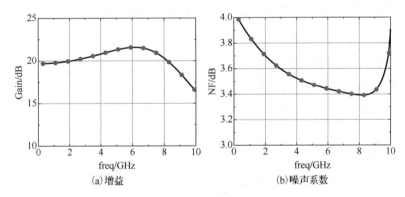

(a) 增益　　　　　　　　　　　　(b) 噪声系数

图 4-71　LNA 增益与噪声系数仿真结果

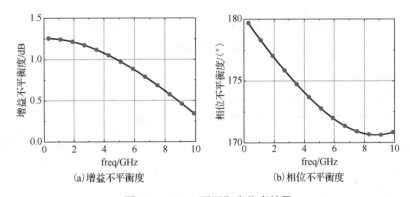

(a) 增益不平衡度　　　　　　　　(b) 相位不平衡度

图 4-72　LNA 不平衡度仿真结果

　　为了表示线性度，在射频输入 3GHz 频率处，采用 40MHz 间隔双音信号仿真得到 IIP3 为 −7dBm，如图 4-73（b）所示。从图中可以看出该放大器线性度不理想，这是因为采用了三级共源组态，增益较大，同时每一级产生的非线性失真会继续放大。

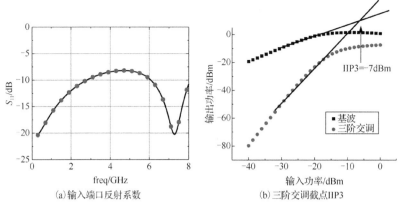

(a)输入端口反射系数   (b)三阶交调截点IIP3

图 4-73   LNA 反射系数与 IIP3 仿真结果

4.3.3   版图后仿真结果分析

下面比较了原理图仿真结果(图 4-74)和版图提参后仿真结果(图 4-75)。从图中可以看出,输入匹配 S_{11}、噪声系数 NF 和 LNA 增益 gain 仿真结果均非常接近。

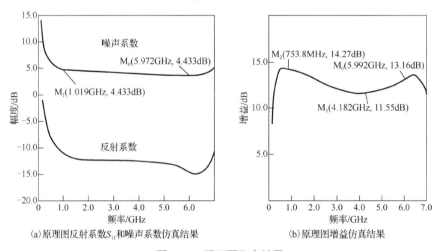

(a)原理图反射系数 S_{11} 和噪声系数仿真结果   (b)原理图增益仿真结果

图 4-74   原理图仿真结果

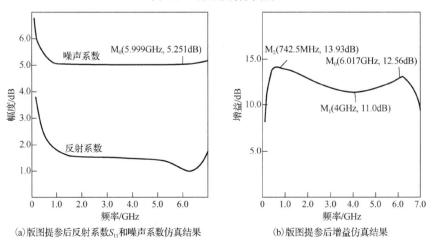

(a)版图提参后反射系数 S_{11} 和噪声系数仿真结果   (b)版图提参后增益仿真结果

图 4-75   版图提参后仿真结果

　　本节主要介绍了一个 CMOS LNA 具体设计实例——栅极电感峰化低噪放(LNA)电路的设计，使用 Cadence 仿真并分析结果。所设计的 LNA 带宽达到了 7GHz，噪声系数在 3.5dB 左右，增益和相位不平衡度较好，但是线性度略微不理想，原因是 LNA 采用三级共源组态。

4.4　小　　结

　　本章主要介绍了 CMOS 低噪声放大器的技术指标和典型电路结构，并分别以一个中心频率 5.5GHz 和带宽 8GHz 的低噪声放大器为例，详细介绍了在 Cadence Virtuoso IC 仿真环境下，低噪声放大器的设计和仿真基本流程，给出 ADS 仿真环境下部分仿真结果，因仿真环境的不同结果会有些微差异。

第 5 章 CMOS 混频器的设计

混频器(Mixer)是实现频谱搬移的电路，它将两个不同频率的信号分解成两者的和频信号以及差频信号，分别经过合适的滤波器滤出所需的信号。若是和频信号输出，称为上混频器；若是差频信号输出，称为下混频器。

本章首先介绍混频器的一些基础知识，然后介绍如何利用 Cadence Virtuoso IC 进行混频器的设计。

5.1 CMOS 混频器设计基础

本振信号($A\cos 2\pi f_1 t$)和射频信号($B\cos 2\pi f_2 t$)经过乘法器，就可以得到和频信号或差频信号，用数学表达式表示为

$$A\cos 2\pi f_1 t \times B\cos 2\pi f_2 t = \frac{AB}{2}\left[\cos 2\pi(f_1 + f_2) + \cos 2\pi(f_1 - f_2)\right] \tag{5-1}$$

任何一个非线性元件都可以完成混频功能。本节首先介绍混频器的技术指标参数，然后介绍几种常用的 CMOS 混频器结构。

5.1.1 混频器的技术指标

1. 转换增益

混频器频率变换时的增益，称为转换增益，定义为输出中频信号的大小与输入信号大小之比，又分电压转换增益和功率转换增益，分别定义为

$$G_{\mathrm{V}} = \frac{V_{\mathrm{IF}}}{V_{\mathrm{RF}}} \tag{5-2}$$

$$G_{\mathrm{P}} = \frac{P_{\mathrm{IF}}}{P_{\mathrm{RF}}} \tag{5-3}$$

在已知负载阻抗 R_{L} 和源阻抗 R_{S} 时，二者之间的关系为

$$G_{\mathrm{P}} = G_{\mathrm{V}}^2 \frac{R_{\mathrm{L}}}{R_{\mathrm{S}}} \tag{5-4}$$

2. 噪声系数

在接收机中，混频器紧跟在 LNA 后面，其噪声性能对接收机也有一定影响。而在发射机中，信号本身很强，一般不会考虑混频器的噪声系数。

混频器的噪声系数仍然是混频器输入端的信噪比和输出端的信噪比之比，不过根据镜像信号是否存在有用信号，分为两种情况：单边带(Single Side Band，SSB)噪声系数和双边带(Double Side Band，DSB)噪声系数。

如果镜像信号频带位置不存在有用信号(如超外差接收机)，SSB 噪声系数反映了混频器

的真实噪声性能。如果镜像信号频带位置存在有用信号(如零中频接收机)，DSB 噪声系数反映了混频器的真实噪声性能。一般而言，DSB 噪声系数是 SSB 噪声系数的两倍，即大 3dB。

3．线性特性(1dB 压缩点、三阶截断点)

不管在发射机还是接收机中的混频器，基本都工作在线性区。通常用 1dB 压缩点和三阶截断点来描述它的线性度。1dB 压缩点的具体含义是转换增益下降 1dB 时对应的输入(或输出)功率。而三阶截断点是指三阶互调产生的中频分量与有用中频相等时的输入(或输出)信号功率，简称 IIP3(或 OIP3)。这里和放大器中 1dB 压缩点与 IP3 的定义相似。

4．端口隔离度

混频器射频、本振和中频三个端口之间会存在相互泄露，从而影响或干扰与混频器相连的其他元件正常工作。定义任一个端口的输入信号与泄露到其他端口的信号电平之比为端口隔离度。

5．阻抗匹配

射频端阻抗不匹配会使信号发生反射，降低信号幅度；中频端阻抗不匹配会影响后级电路(如滤波器)的正常工作，在通带内引起纹波波动；本振端的匹配问题除了会影响转换增益，严重时反射回的能量会造成振荡器的频率牵引效应。

5.1.2　CMOS 混频器的典型电路结构

1．单个 MOS 管构成的混频器

MOS 管本身是非线性元件，尤其是长沟道的 MOS 管，其 I-V 特性为平方律关系，只要将本振和射频信号引入晶体管上，就能实现乘法器(混频)功能，并且射频信号加载在 MOS 管栅极，本振信号加载在 MOS 管源极，能实现较好的本振射频隔离，基本电路如图 5-1 所示。

2．双栅晶体管混频器

射频信号从晶体管 M_0 的栅极输入，本振信号输入 Cascode 晶体管 M_1 的栅极，基本电路如图 5-2 所示。

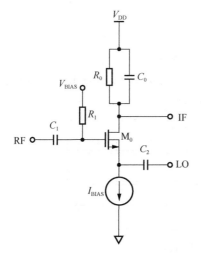

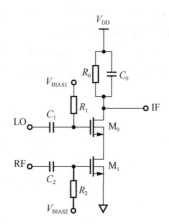

图 5-1　单个 MOS 管构成的混频器　　　　　图 5-2　双栅晶体管混频器

因为本振信号和射频信号是通过不同的晶体管栅极引入的，该类混频器能实现射频和本振之间的隔离。

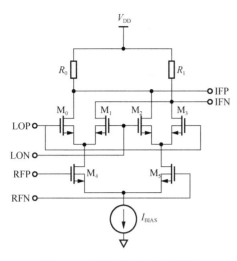

图 5-3　吉尔伯特双平衡混频器

3. 吉尔伯特双平衡混频器

如图 5-3 所示的有源混频器，采用了吉尔伯特（Gilbert）双平衡结构，有效提高变频增益以及本振和射频的隔离度，降低混频器的噪声，而且能有效地抑制直流、本振和射频分量。

这种结构主要由开关管（M_0、M_1、M_2、M_3）和跨导晶体管（M_4、M_5）组成。两对开关管的栅极引入本振信号，由本振大信号来驱动两对管交替开关，达到混频的目的（$M_0 \sim M_3$ 工作在近饱和状态）；跨导晶体管（M_4、M_5）构成差分对，将从其栅极引入的射频信号转换成电流信号（M_4 和 M_5 工作在饱和区）；通过负载电阻 R_0、R_1 将混频后的电流信号转换成中频电压信号输出（电阻负载相等）。

5.2　CMOS 混频器设计实例一

本节通过一个 5GHz 平衡差分下的变频混频器来介绍使用 Cadence Virtuoso IC 进行混频器原理图设计、仿真参数设置、版图绘制等的基本方法和流程。

混频器的设计指标如下。

（1）本振频率：5GHz。

（2）射频频率：5.001GHz。

（3）电压：2.5V。

本例选用 65nm CMOS 工艺来设计。

5.2.1　基本电路建立

首先搭建混频器的电路，具体步骤如下。

1. 启动"Virtuoso"窗口

在工作目录下，打开 Linux 的"终端"，在"终端"中依次输入"source .bashrc"和"virtuoso"，启动 Cadence Virtuoso IC 的"Virtuoso"窗口，如图 5-4 所示。

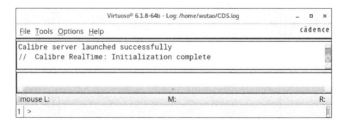

图 5-4　"Virtuoso"窗口

2. 建立设计库

通过"Tools"→"Library Manager"打开"Library Manager"窗口。然后在"Library Manager"窗口中，通过"File"→"New"→"Library"新建一个库，如图 5-5 所示。如果前面已经建

立了库，这一步可以跳过。

将该库命名为"Design"，如图 5-6 所示。

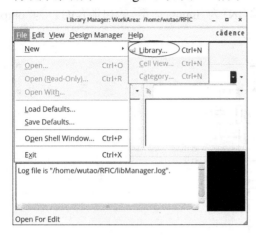

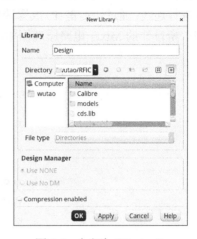

图 5-5　新建库　　　　　　　　　　　图 5-6　命名为"Design"

弹出提示，选择"Attach to an existing technology library"，并关联工艺库，如图 5-7 所示。

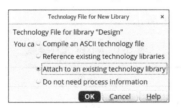

图 5-7　关联工艺库

计算机中会生成"Design"的文件夹，以后所有的设计均放在该工作库中。

3. 新建工作表

在库管理器中，选择工作库，再选择"File"→"New"→"Cell View"，完成新建一个"Cell View"，并命名为"Mixer"作为混频器的设计，如图 5-8 所示。

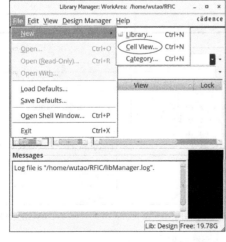

(a) 新建文件命令窗口　　　　　　　　　(b) 创建新原理图对话框

图 5-8　新建一个工作表(一)

此时"Schematic Editor"窗口会自动弹出。在"Schematic Editor"窗口中，通过"Create"→"Instance"（快捷键(I)）插入元件；选择元件后，通过快捷键(Q)修改元件参数；通过快捷键(W)进行连线；通过快捷键(P)放置端口，输入端(IN)为"input"类型，输出端(OUT)为"output"类型。所设计的 Mixer 电路原理图如图 5-9 所示。

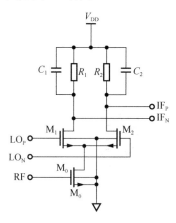

图 5-9　Mixer 的原理图

各元件预估电路参数如表 5-1 所示。

表 5-1　Mixer 元件参数

元件	模型	电路参数
M_0	nmos_rf	Length = 60nm Width = 54μm
M_1	nmos_rf	Length = 60nm Width = 54μm
M_2	nmos_rf	Length = 60nm Width = 54μm
R_1	rppoly_rf	$R = 1\text{k}\Omega$
R_2	rppoly_rf	$R = 1\text{k}\Omega$
C_1	mimcap_um_sin_rf	$C = 1\text{pF}$
C_2	mimcap_um_sin_rf	$C = 1\text{pF}$

各元件参数设置如图 5-10 所示。

CDF Parameter	Value
Model name	nmos_rf
description	ard VT PMOS transistor
Length_per_Finger(M)	60n M
Width_per_Finger(M)	6u M
Total width(M)	54.0u M
Number_of_Fingers	9

（a）M_0、M_1、M_2（完全相同）

CDF Parameter	Value
Model name	rppolys_rf
Total resistance(OHM)	1.02088K Ohms
Entry_mode	l_&_w
Resistance(OHMS)	1.02088K Ohms
Width(M)	600n M
Length(M)	42.0u M
Create_Guard_Ring	☑
multiplier	1
Rsh(ohms/square)	14.9255

（b）R_1、R_2（完全相同）

CDF Parameter	Value
Model name	mimcap_um_sin_rf
Device Under mimca	—
description	th under metal shielding
select CAP	MIM_1.0fF
Entry_mode	l_&_w
Approx. capacitance(	950.218f F
Length(M)	30u M
Width(M)	30u M
multiplier	1

（c）C_1、C_2（完全相同）

图 5-10　元件参数设置

完整的 Mixer 电路原理图如图 5-11 所示。

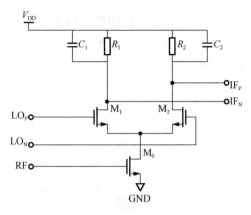

图 5-11　完整的 Mixer 电路原理图

4．创建符号

在"Schematic Editor"窗口中，通过"Create"→"Cellview"→"From Cellview"创建符号，如图 5-12 所示。

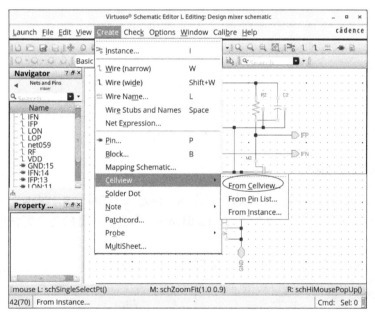

(a) 创建符号命令窗口

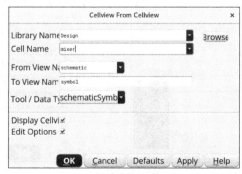

(b) 创建符号对话框

图 5-12　创建符号

符号布局设定如图 5-13 所示，生成的符号如图 5-14 所示。

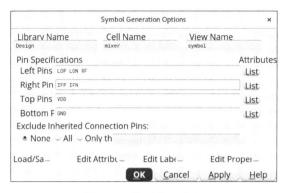

图 5-13　符号布局设定

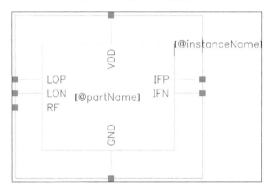

图 5-14　生成的符号

5.2.2　测试电路建立

在"Library Manager"窗口中，选择工作库，再通过"File"→"New"→"Cell View"新建一个"Cell View"，并命名为"Mixer_TestBench"作为混频器的仿真测试电路，如图 5-15所示。

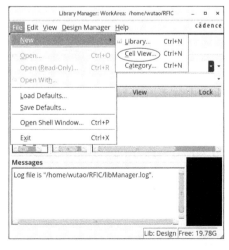

(a)新建测试电路原理图命令窗口

(b)新建原理图设置对话框

图 5-15　新建一个工作表(二)

此时"Schematic Editor"窗口会自动弹出。搭建 Mixer 仿真测试电路，如图 5-16 所示。

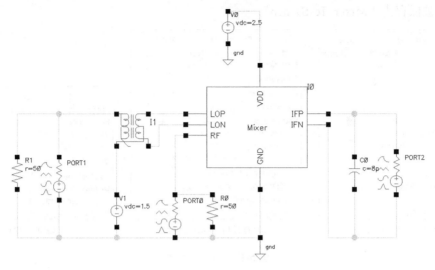

图 5-16　Mixer 仿真测试电路

各元件参数设置如表 5-2 所示。

表 5-2　Mixer 仿真测试电路元件参数

元件	库	模型	参数
I0	Mixer	Mixer	—
I1	analogLib	ideal_balun	—
gnd	analogLib	gnd	—
V0	analogLib	vdc	DC voltage = 2.5V
V1	analogLib	vdc	DC voltage = 1.5V
C0	analogLib	cap	$C = 8pF$
R0	analogLib	res	$R = 50\Omega$
R1	analogLib	res	$R = 50\Omega$
PORT0	analogLib	port	详细设置见 5.2.3 节
PORT1	analogLib	port	详细设置见 5.2.3 节
PORT2	analogLib	port	详细设置见 5.2.3 节

为了向混频器提供本振(LO)输入，测试电路使用带有匹配电阻的端口(PORT1)，并通过理想巴伦将单端信号传输到差分器中。为了表示混频器的射频(RF)输入，测试电路使用与混频器输入匹配的端口(PORT0)。输出端口(PORT2)与混频器的输出阻抗匹配，获得差分输出的中频(IF)信号。具体设置见 5.2.3 节。

5.2.3　电路仿真

在仿真之前，需要对仿真电路执行"Check and Save"，若没有问题，再进行下一步。

1."hbac"仿真——电压转换增益随本振信号功率变化

电压转换增益是 IF 和 RF 信号的 RMS 电压之比。可以通过小信号的 hbac 分析，得到电压转换增益。

　　测试电路中 RF 端口（PORT0）、LO 端口（PORT1）和 IF 端口（PORT2）设置如图 5-17 所示。
测试电路被保存为"Mixer_TestBench"。

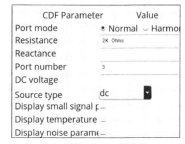

	CDF Parameter	Value
Port mode	⊙ Normal ○ Harmo	
Resistance	50 Ohms	
Reactance		
Port number	1	
DC voltage	500m V	
Source type	dc	
Display small signal ☑		
PAC Magnitude (V)	pacmag V	
PAC Magnitude (d		
PAC phase		
AC Magnitude (Vp)		
AC phase		
XF Magnitude (Vp)		

(a)RF 端口（PORT0）设置

	CDF Parameter	Value
Port mode	⊙ Normal ○ Harmo	
Resistance	50 Ohms	
Reactance		
Port number	2	
DC voltage		
Source type	sine	
Frequency name 1	FLO	
Frequency 1	flo Hz	
Amplitude 1 (Vpk)		
Amplitude 1 (dBm	plo	
Phase for Sinusoic		
Sine DC level		
Delay time		

(b)LO 端口（PORT1）设置

	CDF Parameter	Value
Port mode	⊙ Normal ○ Harmo	
Resistance	2K Ohms	
Reactance		
Port number	3	
DC voltage		
Source type	dc	
Display small signal ┌		
Display temperature ─		
Display noise parame ─		

(c)IF 端口（PORT2）设置

图 5-17　端口的设置

　　在"Schematic Editor"窗口中，通过"Launch"→"ADE L"打开仿真器，自动弹出"ADE L"
窗口，如图 5-18 所示。

　　在"ADE L"窗口中，选择"Setup"→"Model Libraries"，确认工艺角为典型工艺（tt_lib），
如图 5-19 所示，一般此处为默认，不用修改。

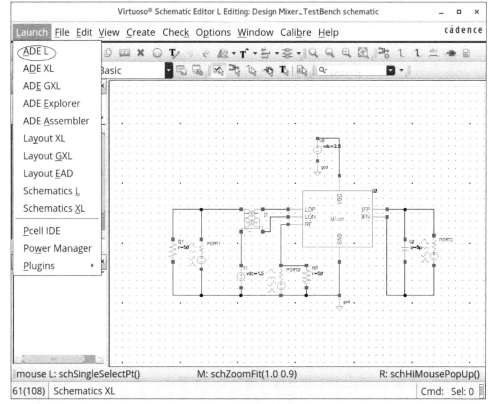

(a)打开仿真器命令窗口

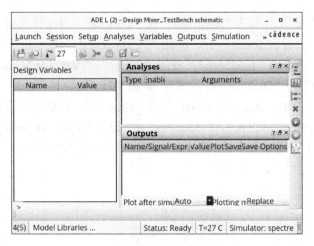

(b)仿真器设置对话框

图 5-18　打开仿真器

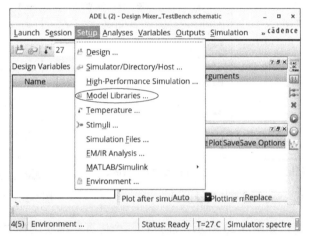

图 5-19　工艺角的选择

在"ADE L"窗口中，通过"Variables"→"Copy From Cellview"就会自动从原理图中提出相应的变量。双击变量为变量赋值，其中，flo=5G，pacmag=1，plo=15，如图 5-20 所示。

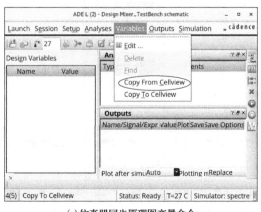

(a)仿真器同步原理图变量命令

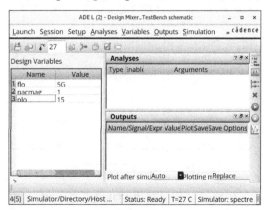

(b)变量赋值窗口

图 5-20　变量赋值(一)

　　打开"ADE L"窗口，选择"Analyses"→"Choose"，启动仿真设置窗口。仿真类型设置为"hb"。在"Number of Tones"中，设置"Fundamental Frequency"为"5G"；"Accuracy Defaults（errpreset）"选择为"moderate"；使能"Sweep"，"Variable Name"设置为"plo"，扫描范围设置为"–10"到"20"，步进为"3"，如图 5-21 所示。

　　在"ADE L"窗口中，通过"Analyses"→"Choose"，启动仿真设置窗口。选择仿真类型为"hbac"。在"Harmonic Balance AC Analysis"中，设置"Input Frequency Sweep Range（Hz）"类型为"Single-Point"，并设置"Freq"为"5.001G"，如图 5-22 所示。

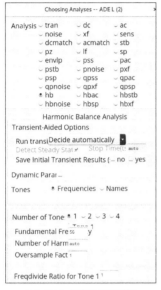
（a）"hb"仿真设置对话框

（b）扫描变量设置对话框

图 5-21　"hb"仿真器的设置（一）

图 5-22　"hbac"仿真器的设置（一）

　　此时"ADE L"窗口如图 5-23 所示。注意：两个仿真器都要选择"使能（Enable）"。
　　在"ADE L"窗口中，通过"Simulation"→"Netlist and Run"开始仿真，如图 5-24 所示。

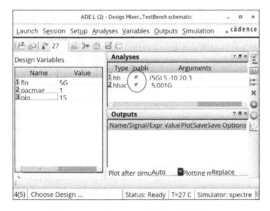
图 5-23　"ADE L"窗口显示（一）

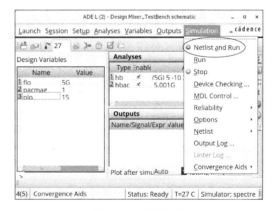
图 5-24　开始仿真

　　仿真结束后，在"ADE L"窗口中，单击"Result"→"Direct Plot"→"Main Form"。在"Direct Plot Form"窗口中，选择"Analysis"为"hbac"；"Function"为"Voltage"；"Select"为"Instance with 2 Terminals"；"Sweep"为"variable"；"Modifier"为"dB20"；"Output Harmonic"

为"−1 1M"。注意：设置完后不要单击"OK"，而是在原理图中选择"PORT3"，即中频端口，如图 5-25 所示。

显示结果如图 5-26 所示。

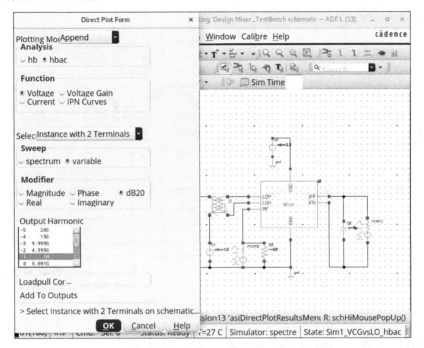

图 5-25　输出结果设置（一）

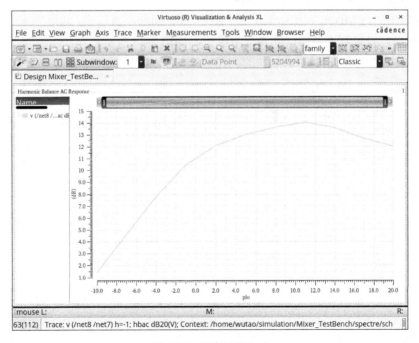

图 5-26　仿真结果（一）

仿真结果表明，对于当前的电路而言，当射频输入的电压为 1V 时（pacmag=1V），电压转换增益最大达到 14dB，并给出了不同本振功率下的电压转换增益。

最后关闭窗口，将当前 ADE 保存为"Sim1_VCGvsLO_hbac"，如图 5-27 所示。

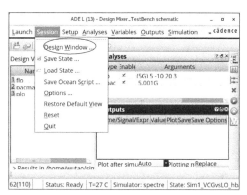

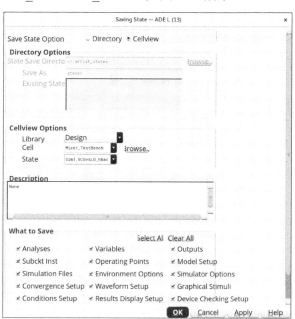

(a) 保存 ADE 命令窗口　　　　　　　　　　(b) 保存 ADE 设置对话框

图 5-27　保存 ADE 设置(一)

2. "hbac"仿真——电压转换增益随射频信号频率变化

通过小信号的 hbac 分析电压转换增益。

测试电路仍然为 Mixer_TestBench，在"Schematic Editor"窗口中，通过"Launch"→"ADE L"打开仿真器，设置好工艺角，并为变量赋值，如图 5-28 所示。

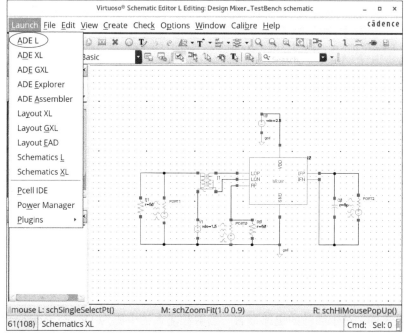

(a) 启动仿真器命令窗口

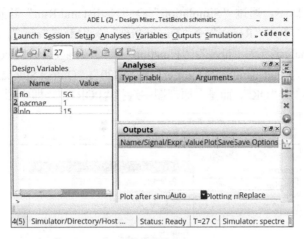

(b) 变量设置窗口

图 5-28　启动仿真器

在"ADE L"窗口中，通过"Analyses"→"Choose"，启动仿真设置窗口。选择仿真类型为"hb"。在"Number of Tones"中，设置"Fundamental Frequency"为"5G"；"Accuracy Defaults (errpreset)"选择为"conservative"，如图 5-29 所示。

在"ADE L"窗口中，通过"Analyses"→"Choose"，启动仿真设置窗口。选择仿真类型为"hbac"。在"Harmonic Balance AC Analysis"中，分别设置"Start"和"Stop"（起始和终止频率）为"5.000001G"与"5.01G"，即射频频率从 5GHz+1kHz 到 5GHz+10MHz，如图 5-30 所示。

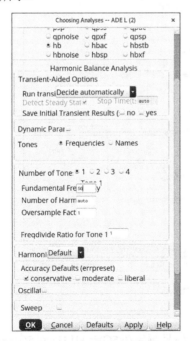

图 5-29　"hb"仿真器的设置（二）

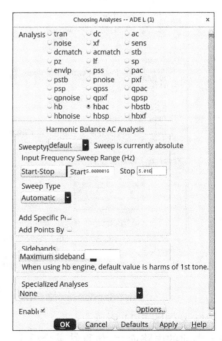

图 5-30　"hbac"仿真器的设置（二）

此时"ADE L"窗口如图 5-31 所示。注意：两个仿真器都要选择"使能 (Enable)"。

在"ADE L"窗口中，通过"Simulation"→"Netlist and Run"开始仿真。仿真结束后，在"ADE L"窗口中，单击"Result"→"Direct Plot"→"Main Form"。在"Direct Plot Form"对话框中，选择"Analysis"为"hbac"；"Function"为"Voltage"；"Select"为"Instance with 2 Terminals"；"Sweep"为"sideband"；"Modifier"为"dB20"；"Output Sideband"为"−1 1K−10M"。注意：设置完后不要单击"OK"，而是在原理图中选择"PORT2"，即中频端口，如图 5-32 所示。

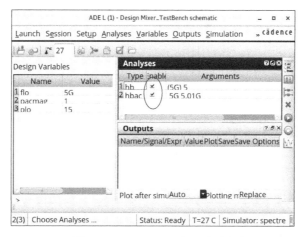

图 5-31   "ADE L"窗口显示(二)

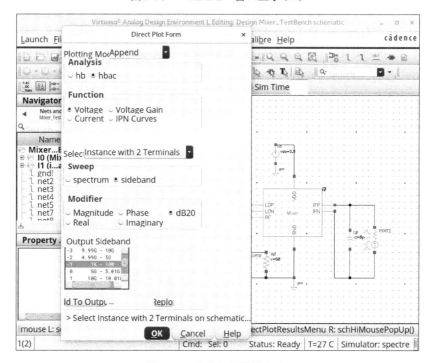

图 5-32   输出结果设置(二)

显示结果如图 5-33 所示。

对于当前的电路而言，仿真结果给出了当射频输入信号频率在 5GHz+1kHz 到 5GHz+10MHz 范围内的电压转换增益。

最后关闭窗口，将当前 ADE 保存为"Sim2_VCGvsRF_hbac"，如图 5-34 所示。

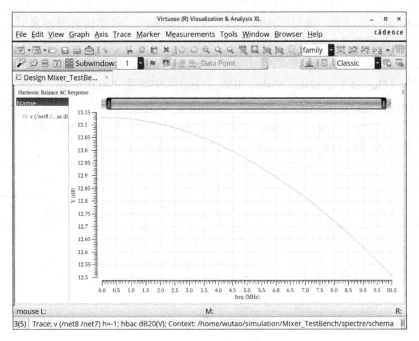

图 5-33　仿真结果(二)

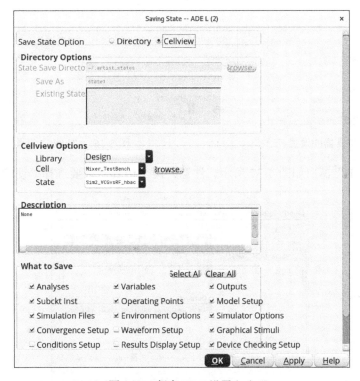

图 5-34　保存 ADE 设置(二)

3."hbxf"仿真——电压转换增益随射频信号频率变化

通过小信号的 hbxf 也能分析电压转换增益。

测试电路仍然为 Mixer_TestBench，在"Schematic Editor"窗口中，通过"Launch"→"ADE L"打开仿真器，设置好工艺角，并为变量赋值。

在"ADE L"窗口中，通过"Analyses"→"Choose"，启动仿真设置窗口。选择仿真类型为"hb"，设置和图 5-29 相同，如图 5-35 所示。

在"ADE L"窗口中，通过"Analyses"→"Choose"，启动仿真设置窗口。选择仿真类型为"hbxf"。"Output Frequency Sweep Range（Hz）"中设置"Start"和"Stop"为"1K"与"10M"；"Output"设置中选择"voltage"；"Positive Output"通过"Select"在原理图中单击"IFP"的连线；"Output"通过"Select"在原理图中单击"IFN"的连线，如图 5-36 所示。注意：一定是单击连线而不是端点，并且网络名可能和参考例程不同。

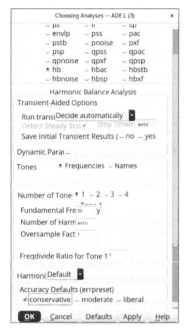

图 5-35　"hb"仿真器的设置（三）　　　　图 5-36　"hbxf"设置

此时"ADE L"窗口如图 5-37 所示。注意：两个仿真器都要选择"使能（Enable）"。

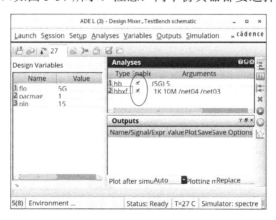

图 5-37　"ADE L"窗口显示（三）

在"ADE L"窗口中，通过"Simulation"→"Netlist and Run"开始仿真。仿真结束后，在"ADE L"窗口中，单击"Result"→"Direct Plot"→"Main Form"。在"Direct Plot Form"对话框中，选择"Analysis"为"hbxf"；"Function"为"Voltage Gain"；"Sweep"为"sideband"；

"Modifier"为"dB20";"Iutput Sideband"为"1 5G–5.01G"。注意：设置完后不要单击"OK"，而是在原理图中选择"PORT0"，即射频端口，如图 5-38 所示。

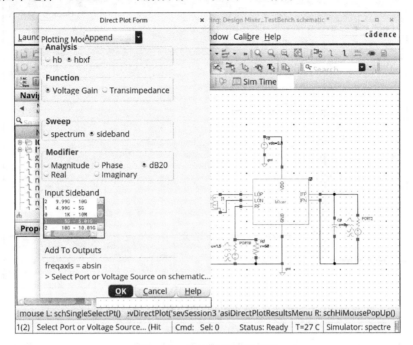

图 5-38　输出结果设置(三)

显示结果如图 5-39 所示。

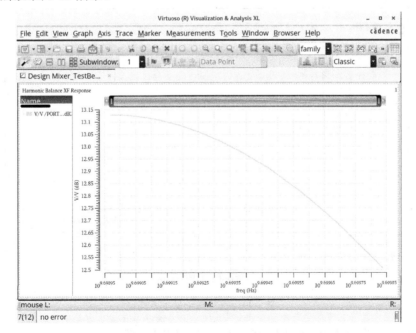

图 5-39　仿真结果(三)

注意：此时的结果横轴为对数显示，选择横坐标，单击"Axis"，取消选择"Log"，得到和图 5-39 相同的结果，如图 5-40 所示。

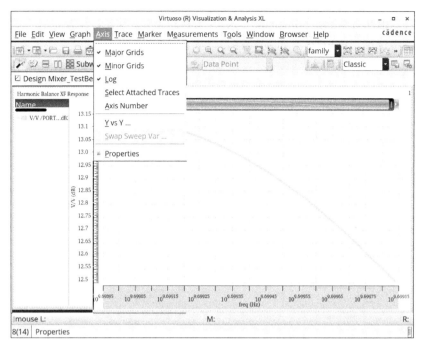

(a) 设置横坐标命令窗口

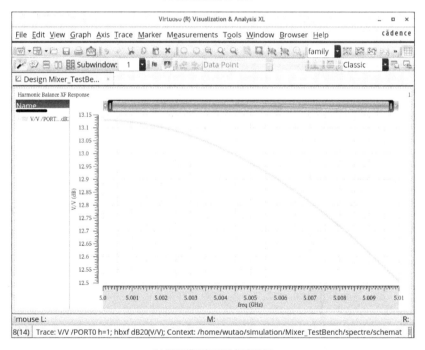

(b) 设置横坐标后的仿真结果

图 5-40　改变横轴显示方式

关闭窗口，将当前 ADE 保存为"Sim3_VCGvsRF_hbxf"。

4."hb"仿真——功率转换增益随射频信号频率变化

当混频器的输入阻抗和负载阻抗均等于源阻抗时，以分贝(dB)为单位的功率和电压转换增益相同。但是当混频器加载高阻抗负载(如高阻滤波器)时，不满足此条件。此时需要利用双音的"hb"分析来仿真不匹配的源和负载的功率转换增益。

　　测试电路和前面不同，将"Mixer_TestBench"另存为"Mixer_TestBench2"，电路的仿真在"Mixer_TestBench2"文件上进行。

　　打开另存的"Mixer_TestBench2"文件的原理图，选择"POTR0"元件（射频端），修改元件参数，如图 5-41 所示。

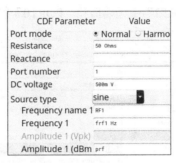

图 5-41　RF 端（PORT0）的设置（一）

　　修改后一定要保存原理图，执行"Check and Save"。

　　在"Schematic Editor"窗口中，通过"Launch"→"ADE L"打开仿真器，设置好工艺角，并为变量赋值，如图 5-42 所示。

　　在"ADE L"窗口中，通过"Analyses"→"Choose"，启动仿真设置窗口。选择仿真类型为"hb"；"Number of Tone"设置为"2"；"Fundamental Frequency"填入"5G"和"frf1"；"Number of Harmonics"填入"auto"和"3"；"Oversample Factor"填入"1"和"1"；选择"Sweep"功能，类型为"Variable"；"Variable Name"填入"frf1"；"Sweep Range"为"Start-Stop"；其中，"Start"填入"5.000001G"；"Stop"填入"5.01G"；"Sweep Type"为"Linear"；"Number of Steps"填入"10"，设置好的"hb"仿真器参数如图 5-43 所示。

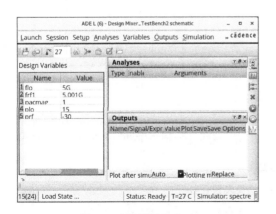

图 5-42　变量赋值（二）

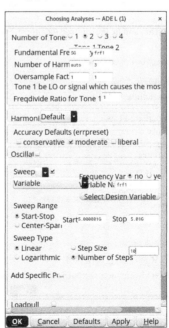

图 5-43　"hb"仿真器的设置（四）

此时"ADE L"窗口如图 5-44 所示。

在"ADE L"窗口中，通过"Simulation"→"Netlist and Run"开始仿真。仿真结束后，在"ADE L"窗口中，单击"Result"→"Direct Plot"→"Main Form"。在"Direct Plot Form"对话框中，选择"Analysis"为"hb_mt"；"Function"为"Power Gain"；"Sweep"为"variable"；"Modifier"为"dB10"；"Output Harmonic"选择为"1K −1 1"；"Input Harmonic"选择为"5.000001G 0 1"，在原理图中依次单击"PORT2"中频端口和"PORT0"射频端口，如图 5-45 所示。

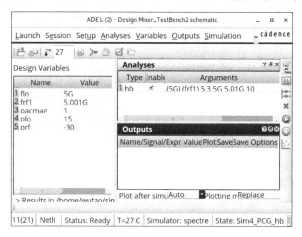

图 5-44 "ADE L"窗口显示(四)

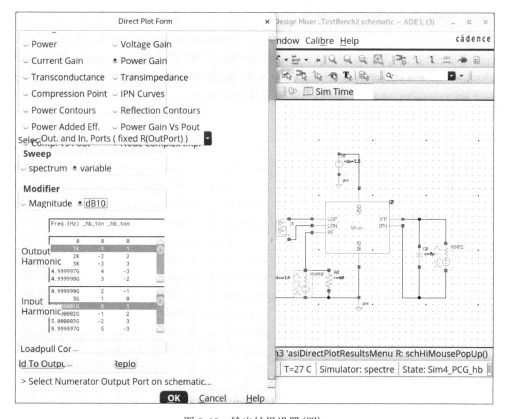

图 5-45 输出结果设置(四)

显示结果如图 5-46 所示。

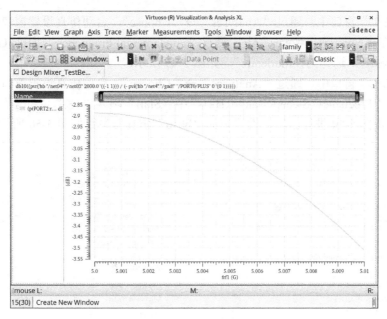

图 5-46　输出结果(一)

该结果表示随着射频频率变化，该混频器的功率转换增益在–2.88~–3.5dB 变化。

关闭窗口，将当前 ADE 保存为"Sim4_PCG_hb"。

5."hbsp"仿真——S 参数仿真

在 Cadence Virtuoso IC 中，对于大信号分析，PORT 的"Source Type"设为"sine"。对于小信号分析，通常将 PORT 的"Source Type"设为"dc"。所以在分析 S 参数时，需要对测试电路的 PORT 类型进行重新设置，由于测试电路和前面不同，所以将"Mixer_TestBench"另存为"Mixer_TestBench3"，电路的仿真在"Mixer_TestBench3"文件上进行。

打开另存为"Mixer_TestBench3 文件"的原理图，选择"POTR0"元件(射频端)，修改元件参数，如图 5-47 所示。

LO 端(POTR1)和 IF 端(PORT2)与"Mixer_TestBench"文件相同。修改后一定要保存原理图，执行"Check and Save"。

在"Schematic Editor"窗口中，通过"Launch"→"ADE L"打开仿真器，设置好工艺角，并为变量赋值，如图 5-48 所示。

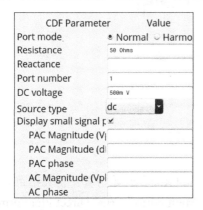

图 5-47　RF 端(PORT0)的设置(二)

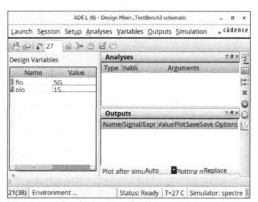

图 5-48　变量赋值(三)

在"ADE L"窗口中，通过"Analyses"→"Choose"，启动仿真设置窗口。选择仿真类型为"hb"。在"Number of Tones"中，设置"Fundamental Frequency"为"5G"；"Accuracy Defaults（errpreset）"选择为"moderate"，如图5-49所示。

在"ADE L"窗口中，通过"Analyses"→"Choose"，启动仿真设置窗口。选择仿真类型为"hbsp"，"Frequency Sweep Range（Hz）"中"Start"填入"1K"，"Stop"填入"10M"；"Select Port"按图5-50进行添加，设置好的"hbsp"仿真器参数如图5-50所示。

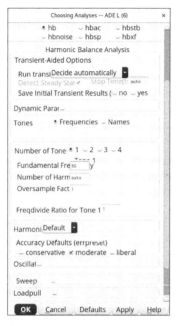

图 5-49　　"hb"仿真器的设置（五）

图 5-50　　"hbsp"仿真器的设置

注意：上面设置中，1端口选择为RF端（PORT0），2端口选择为IF端（PORT2），这里的设置与PORT中端口号的设置无关，仅与后面的结果显示有关。

此时"ADE L"窗口如图5-51所示。

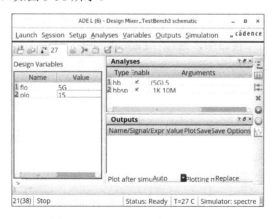

图 5-51　　"ADE L"窗口显示（五）

在"ADE L"窗口中，通过"Simulation"→"Netlist and Run"开始仿真。仿真结束后，在"ADE L"窗口中，单击"Result"→"Direct Plot"→"Main Form"。在"Direct Plot Form"对话框中，选择"Analysis"为"hbsp"；"Function"为"SP"；"Plot Type"为"Rectangular"；

"Modifier"为"dB20",如图 5-52 所示。

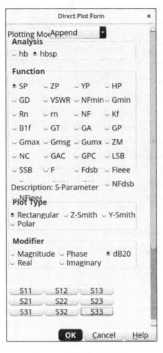

图 5-52　输出结果设置(五)

选择"S11"、"S21"、"S12"和"S22",输出结果如图 5-53 所示。

关闭窗口,再次打开"Direct Plot Form"对话框,选择"Analysis"为"hbsp";"Function"为"SP";"Plot Type"为"Rectangular";"Modifier"为"dB20",仅输出 S21。再选择"Analysis"为"GAIN",单击"Plot"将结果输出,如图 5-54 所示。

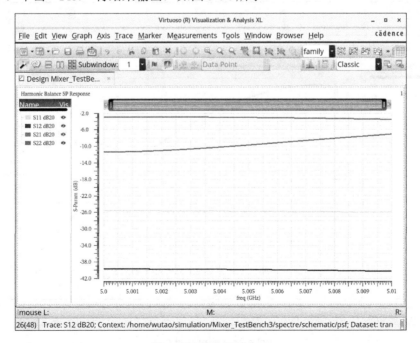

图 5-53　输出结果(二)

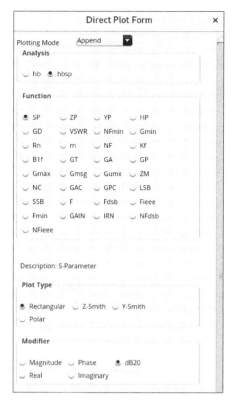

图 5-54　输出结果设置(六)

输出的结果如图 5-55 所示。

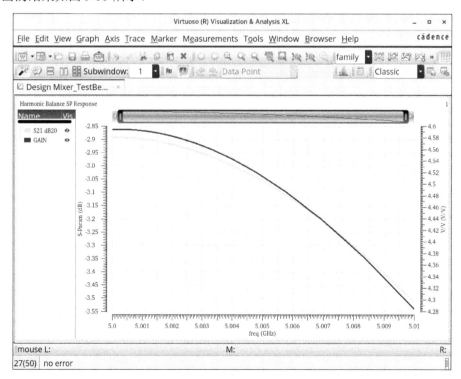

图 5-55　输出结果(三)

注意："hbsp"仿真中"GAIN"与"hbsp"仿真中 S21 增益不同,因为"hbsp"仿真中"GAIN"与输入匹配无关(仅由 RF 端口的阻抗确定)。"hbsp"仿真中 S21 增益取决于输入匹配。

关闭窗口,将当前 ADE 保存为"Sim5_SParameter_hbsp"。

5.3　CMOS 混频器设计实例二

CMOS 工艺中也常常采用最为经典的吉尔伯特(Gilbert)单元做混频器,本节以 Gilbert 混频器电路为例,介绍混频器设计过程,使用 Cadence 仿真并分析设计结果。

5.3.1　设计原理

Gilbert 混频器电路端口隔离度、线性度较好,而且可以提供一定的增益。由于传统吉尔伯特混频器的低通响应特性,在跨导管和开关管之间添加电感,和跨导管的输出电容与开关管输入电容组成 π 型 LC 网络,在一定程度上可以扩展中频带宽。

Gilbert 双平衡混频器由尾电流源晶体管$(M_1$、$M_2)$、跨导放大晶体管$(M_3$、$M_4)$、开关晶体管$(M_5 \sim M_8)$、负载电阻(R_L)组成,其基本结构如图 5-56 所示。尾电流源主要是提供偏置电流,确立混频器的静态工作点。跨导放大电路对射频信号进行放大,提供一定的增益。四个开关管每对轮流导通,实现混频的功能。通过电阻负载,将整形后的电流转换成差分电压输出。

为了方便将第 4 章所设计的 LNA 差分输出信号耦合到混频器的射频输入端,经过仿真发现,由于 LNA 采用电阻反馈,传统 Gilbert 双平衡混频器结构存在将本振大信号反向馈入 LNA 的输入端口的现象,馈入的本振信号经 LNA 后自混频,导致中频波形严重失真。经研究分析后在射频输入级和本振开关级之间加入一级晶体管,和射频输入管构成共源共栅结构,从而增大输出阻抗并提高了隔离度。同时,为了摆脱 Cascode 结构对输出电压摆幅的影响,去掉一级尾电流源。最终混频器电路采用如图 5-57 所示的电路结构。

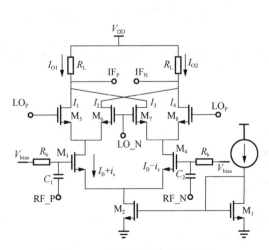

图 5-56　吉尔伯特双平衡混频器

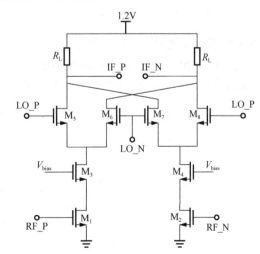

图 5-57　所采用混频器电路结构图

为了避免寄生电容对混频器混频结果的影响,在设计中,尽量减小晶体管的尺寸。采用第 4 章中提到的延拓放大器带宽的方法,例如,在混频器的射频管和开关管之间引入电感,或者在负载端串联电感，同样可以提高混频器中频带宽。

但在低噪放的栅极输入端加入峰值电感，补偿电压转换增益在高频处的下降的方法会大幅增加设计面积，本设计中不便采用。混频器电路具体设计参数如表 5-3 所示。

表 5-3　混频器电路具体设计参数

元件	参数(W/L)	元件	参数(W/L)
M1/2	20 μm/0.13 μm	R_L	242Ω
M3/4	20 μm/0.13 μm	—	—
M5/6/7/8	24 μm/0.13 μm	—	—

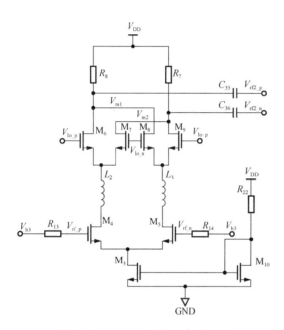

图 5-58　Cascode 结构仿真原理图

5.3.2　电路仿真

Cascode 结构仿真原理图如图 5-58 所示。

在板级射频系统设计中，不同芯片电路间一般需要进行级间匹配，主要目的是避免信号反射以及实现最大功率传输。RFIC 设计中，在低频段内，电路之间采用电压传输，因为芯片内部电路尺寸很小，不存在明显的传输线效应。

因此直接将 LNA 两路输出通过级间电容耦合到混频器栅极输入端，避免两级电路互相影响导致静态工作点的波动。然后将 LNA 和第一级混频器一起仿真。

射频输入信号在 800MHz～8GHz 频段内，本振信号采用 500MHz 带宽的单音信号，相对应地，混频输出频谱为 300MHz～7.5GHz。仿真结果如图 5-59 所示，图 5-59（a）可以看出中频转换增益在整个带内波动约为 2dB。说明了

LNA 和第一级混频器中频带宽很宽。

图 5-59（b）中，由于混频器跨导级产生的 1/f 噪声和本振混频，在本振 500MHz 以及其各奇次谐波频点附近，噪声系数有尖端凸起。

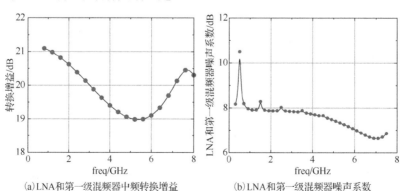

（a）LNA 和第一级混频器中频转换增益　　　（b）LNA 和第一级混频器噪声系数

图 5-59　LNA 和第一级混频器仿真结果

5.3.3　版图设计

基于 5.3 节中设计的 LNA 以及混频器,本节采用三级随机序列混频结构进行后仿真分析,如图 5-60 所示。该电路设计完成的功能为：射频信号输入 LNA 并经其放大,输出信号直接耦合到混频器的输入端,再经过 MIM 电容的级间耦合进入三个相同的混频器与随机信号进行混频,混频器的差分输出转单端信号后输出到片外。本振信号是外部数字信号经过驱动整形后送入的信号。

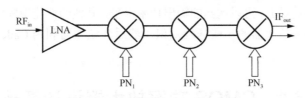

图 5-60　三级随机序列混频结构

最终绘制的版图如图 5-61 所示。

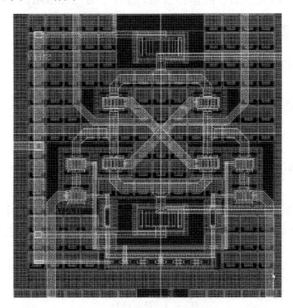

图 5-61　有源混频器版图

5.4　小　　结

本章主要介绍 CMOS 混频器的设计,使用 Cadence 可以对混频器本身或 LNA 和第一级混频器整体仿真,从转换增益、噪声系数和线性度方面进行分析。

第 6 章　CMOS 功率放大器的设计

功率放大器(Power Amplifier, PA)是发射前端射频链路的组成部分,用于放大发射的信号。PA 的主要性能参数是 PA 可以达到的输出功率水平,其他的性能指标包括线性度和效率等。

本章首先介绍功率放大器的一些基础知识,然后介绍如何利用 Cadence Virtuoso IC 进行功率放大器的设计。

6.1　CMOS 功率放大器设计基础

本节首先介绍功率放大器的性能指标参数,然后介绍几种常用的 CMOS 功率放大器结构。

6.1.1　功率放大器的技术指标

功率放大器的技术指标包括输出功率、功率增益、效率、线性度、信噪比等。

1. 输出功率

对于恒包络的正弦信号,它的输出功率为

$$P_{out} = \frac{V_{out}^2}{2R_L} \tag{6-1}$$

式中,V_{out} 是输出射频信号的幅度;R_L 是负载阻抗。

而实际发射机中,功率放大器的输出信号是经过调制后的信号,需要知道输出功率的统计特性,即平均输出功率。有两种统计平均输出功率的办法:一是统计输出功率在 P 和 $P+dP$ 之间的概率(用概率分布函数 $\varphi(P)$ 来表示),另一种是对输出功率在时间上平均,计算公式分别如下:

$$\overline{P_{out}} = \int_0^\infty P_{out}\varphi(P)\mathrm{d}P \tag{6-2}$$

$$\overline{P_{out}} = \int_0^\infty P_{out}(t)\mathrm{d}t \tag{6-3}$$

2. 功率增益

功率增益是表征功率放大器功率放大能力的物理量,定义为输出功率与输入功率的比值,表达式为

$$G = \frac{P_{out}}{P_{in}} \tag{6-4}$$

写成对数的形式为

$$G(\mathrm{dB}) = P_{out}(\mathrm{dBm}) - P_{in}(\mathrm{dBm}) \tag{6-5}$$

3. 效率

功率放大器的效率是衡量放大器将电源消耗的能量转换为射频输出功率的能力的重要指标。有两种定义方式,一种是漏极效率(Drain Efficiency),定义为

$$\eta = \frac{P_{\text{out}}}{P_{\text{supply}}} \tag{6-6}$$

式中，P_{out} 是输出功率；P_{supply} 是电源上消耗的功率。

这样定义会造成一个问题：即使没有任何功率增益的功率放大器，也可以有很高的效率，所以通常会考虑使用另一种效率的定义，即功率附加效率(Power-Added Efficiency，PAE)，定义为

$$\text{PAE} = \frac{P_{\text{out}} - P_{\text{in}}}{P_{\text{supply}}} \tag{6-7}$$

式中，P_{in} 是输入功率，显然功率附加效率总是小于漏极效率。

4．线性度

同低噪放、混频器等模块一样，1dB 压缩点和三阶截断点也可以描述功率放大器的线性度。随着输出功率增大，功率放大器的增益会受到压缩，从而产生 AM-AM 失真，除此之外，输出信号与输入信号的相移也会随着输入信号功率的变化发生变化，产生 AM-PM 失真。在通信系统中，ACPR 和 EVM 也是描述发射机(功率放大器)非线性的重要指标。

邻信道功率比(Adjacent Channel Power Radio，ACPR)是发射机(功率放大器)在相邻信道某一频率处的一定带宽范围内产生的信号功率与发射机本身信道内的总信号功率的比值，用于衡量相邻信道对发射机产生的干扰。

误差矢量幅度(Error Vector Magnitude，EVM)用于衡量发射机的信号质量，将发射机发射信号误差矢量进行归一化，便可得到 EVM，如图 6-1 所示。

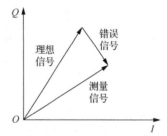

图 6-1　误差矢量幅度定义

6.1.2　CMOS 功率放大器的典型电路结构

根据功率放大器放大信号的模式，总体上功率放大器可分为两大类：放大模式和开关模式。放大模式功率放大器工作在 BJT 的放大区或 FET 的饱和区，按导通角的不同又可分为 A 类、AB 类、B 类和 C 类功率放大器。开关模式功率放大器的晶体管工作在开关状态，可以分为 D 类、E 类和 F 类(以晶体管的实际高效率工作区域为依据划分)等。各类型功率放大器的性能比较如表 6-1 所示。

表 6-1　不同类型功率放大器的性能比较

类型	A 类	AB 类	B 类	C 类	D 类	E 类	F 类
晶体管工作模式	受控电流源	受控电流源	受控电流源	受控电流源	开关	开关	开关
晶体管导通角/°	360	180～360	180	0～180	180	180	180
理论最大效率/%	50	78.5	78.5	100	100	100	100
实际典型效率/%	35	35～60	60	70	75	80	75
增益	高	中	中	低	低	低	低
线性度	极好	好	好	差	差	差	差

1．A 类、AB 类、B 类、C 类功率放大器

放大模式功率放大器的基本结构如图 6-2 所示，根据晶体管在信号的整个周期内的导通状态，又分为 A 类（导通角=360°）、AB 类（180°<导通角<360°）、B 类（导通角=180°）和 C 类（导通角<180°）。各类功率放大器的电流波形如图 6-3 所示。

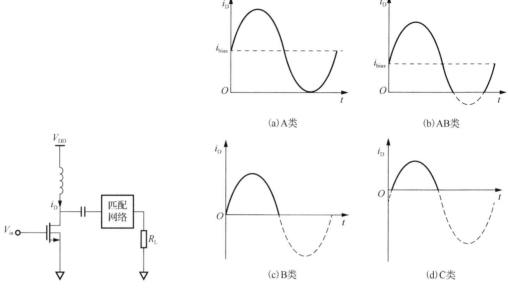

(a) A 类   (b) AB 类

(c) B 类   (d) C 类

图 6-2　放大模式功率放大器的基本结构　　　图 6-3　放大模式功率放大器的电流波形

A 类功率放大器中的晶体管在信号的整个周期内均处于导通状态，其导通角为 360°。A 类功率放大器的输入信号和输出信号都是完整的正弦信号，可以实现信号的线性放大，所以 A 类功率放大器的线性度是最好的。但效率低是其缺点，理论上能达到的最高效率为 50%。

B 类功率放大器中的晶体管只有半个周期导通，因此导通角为 180°。正因为 B 类功率放大器的晶体管只在半个周期导通，所以晶体管的静态功耗比 A 类功率放大器低，效率高一些，理想效率可达 78.5%。输出波形只有半个周期，要获得完整周期波形输出，可以采用随后介绍的推挽功率放大器。

AB 类功率放大器的晶体管导通角在 A 类和 B 类之间，即 180° 到 360°，效率和线性度也介于 A、B 两类放大器之间，是一个在效率和线性度之间折中的选择。

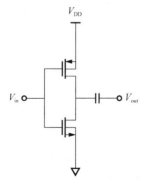

图 6-4　推挽功率放大器的基本结构

C 类功率放大器的晶体管导通角小于 180°，晶体管只有小于半个周期是处于导通的。虽然信号出现失真，但效率较前几类都高，理论最大效率可达 100%，但此时导通角为 0°，没有功率输出。

2．推挽功率放大器

推挽功率放大器的基本结构如图 6-4 所示，由两个晶体管推挽构成。两个晶体管一般偏置于 B 类，每个晶体管仅在半个周期内导通，而在另半个周期截止，组合输出一个完整的周期信号。理论上推挽功率放大器的效率和 B 类功率放大器相同，为 78.5%。

6.2　CMOS 功率放大器设计实例

本节通过一个 2.4GHz 功率放大器来实现功率放大的功能，介绍利用 Cadence Virtuoso IC 来进行功率放大器原理图设计、仿真参数设置、系统仿真测试等的基本方法和流程。

功率放大器的设计指标如下。

（1）载波频率：2.4GHz。

（2）供电电压：1.2V。

（3）输出功率：>0dBm。

（4）增益：>15dB。

（5）稳定因子：>1。

本例选用 65nm CMOS 工艺来设计。

6.2.1　基本电路建立

首先搭建功率放大器的电路，具体步骤如下。

1. 启动"Virtuoso"窗口

在工作目录下，打开 Linux 的"终端"，在"终端"中依次输入"source .bashrc"和"virtuoso"，启动 Cadence Virtuoso IC 的"Virtuoso"窗口，如图 6-5 所示。

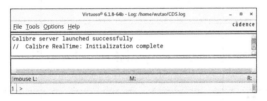

图 6-5　"Virtuoso"窗口

2. 建立设计库

通过"Tools"→"Library Manager"打开库管理器。然后在库管理器中，通过"File"→"New"→"Library"新建一个库。如果前面已经建立了库，这一步可以跳过。

3. 新建工作表

在"Library Manager"中，选择工作库，再通过"File"→"New"→"Cell View"新建一个"Cell View"，并命名为"PA"作为功率放大器的设计。所设计的"PA"电路原理图如图 6-6 所示。

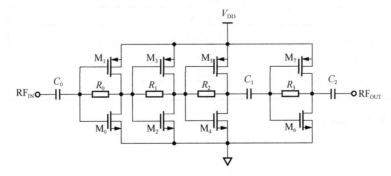

图 6-6　"PA"电路原理图

·168· CMOS 射频集成电路工程实践

各元件预估电路参数如表 6-2 所示。

表 6-2 "PA" 元件参数

元件	模型	电路参数
M_0	nmos_rf	Length = 60nm Width = 600nm Fingers = 8 Multiplier = 1
M_1	pmos_rf	Length = 60nm Width = 1.2μm Fingers = 8 Multiplier = 1
M_2	nmos_rf	Length = 60nm Width = 600nm Fingers = 8 Multiplier = 1
M_3	pmos_rf	Length = 60nm Width = 1.2μm Fingers = 8 Multiplier = 1
M_4	nmos_rf	Length = 60nm Width = 1.2μm Fingers = 8 Multiplier = 1
M_5	pmos_rf	Length = 60nm Width = 2.4μm Fingers = 8 Multiplier = 1
M_6	nmos_rf	Length = 60nm Width = 1.2μm Fingers = 8 Multiplier = 4
M_7	pmos_rf	Length = 60nm Width = 2.4μm Fingers = 8 Multiplier = 4
R_0	rppolywo_rf	$R = 10\text{k}\Omega$
R_1	rppolywo_rf	$R = 10\text{k}\Omega$
R_2	rppolywo_rf	$R = 10\text{k}\Omega$
R_3	rppolywo_rf	$R = 10\text{k}\Omega$
C_1	mimcap_um_rf	$C = 1.5\text{pF}$
C_2	mimcap_um_rf	$C = 1.5\text{pF}$
C_3	mimcap_um_rf	$C = 1.5\text{pF}$

各元件参数设置如图 6-7 所示。

CDF Parameter	Value
Model name	nmos_rf
description	ard VT PMOS transistor
Length_per_Finger(M)	60n M
Width_per_Finger(M)	600n M
Total width(M)	4.8u M
Number_of_Fingers	8
SA(LOD_effect)_(M)	1.12233u M
SB(LOD_effect)_(M)	1.12233u M
SD(Fingers_Spacing)_(M)	240.0n M
Well_Proximity_Effect	auto ▾
SCA	1.20073
SCB	1.04702e-06
SCC	9.70379e-13
Total Variation(totalflag)	● Model ○ 0 ○ 1
Local Mismatch Effect(misma	● Model ○ 0 ○ 1
Mismatch_Sigma	1
Global Variation Effect(global	● Model ○ 0 ○ 1
Create_Dummy_Poly	☑
Create_Guard_Ring	☑
Enable_outter_Ring	☑
multiplier	1
Adding_DMEXCL_Layer	☑
Hard_constrain	☑

(a) M_0、M_2（完全相同）

CDF Parameter	Value
Model name	nmos_rf
description	ard VT PMOS transistor
Length_per_Finger(M)	60n M
Width_per_Finger(M)	1.2u M
Total width(M)	9.6u M
Number_of_Fingers	8
SA(LOD_effect)_(M)	1.12233u M
SB(LOD_effect)_(M)	1.12233u M
SD(Fingers_Spacing)_(M)	240.0n M
Well_Proximity_Effect	auto ▾
SCA	1.02773
SCB	7.73939e-07
SCC	8.21295e-13
Total Variation(totalflag)	● Model ○ 0 ○ 1
Local Mismatch Effect(misma	● Model ○ 0 ○ 1
Mismatch_Sigma	1
Global Variation Effect(global	● Model ○ 0 ○ 1
Create_Dummy_Poly	☑
Create_Guard_Ring	☑
Enable_outter_Ring	☑
multiplier	1
Adding_DMEXCL_Layer	☑
Hard_constrain	☑

(b) M_4

CDF Parameter	Value
Model name	nmos_rf
description	ard VT PMOS transistor
Length_per_Finger(M)	60n M
Width_per_Finger(M)	1.2u M
Total width(M)	9.6u M
Number_of_Fingers	8
SA(LOD_effect)_(M)	1.12233u M
SB(LOD_effect)_(M)	1.12233u M
SD(Fingers_Spacing)_(M)	240.0n M
Well_Proximity_Effect	auto ▾
SCA	1.02773
SCB	7.73939e-07
SCC	8.21295e-13
Total Variation(totalflag)	● Model ○ 0 ○ 1
Local Mismatch Effect(misma	● Model ○ 0 ○ 1
Mismatch_Sigma	1
Global Variation Effect(global	● Model ○ 0 ○ 1
Create_Dummy_Poly	☑
Create_Guard_Ring	☑
Enable_outter_Ring	☑
multiplier	4
Adding_DMEXCL_Layer	☑
Hard_constrain	☑

(c) M_6

CDF Parameter	Value
Model name	pmos_rf
description	ard VT PMOS transistor
Length_per_Finger(M)	60n M
Width_per_Finger(M)	1.2u M
Total width(M)	9.6u M
Number_of_Fingers	8
SA(LOD_effect)_(M)	1.12233u M
SB(LOD_effect)_(M)	1.12233u M
SD(Fingers_Spacing)_(M)	240.0n M
Well_Proximity_Effect	auto ▾
SCA	0.335424
SCB	1.28756e-12
SCC	1.15335e-24
Total Variation(totalflag)	● Model ○ 0 ○ 1
Local Mismatch Effect(misma	● Model ○ 0 ○ 1
Mismatch_Sigma	1
Global Variation Effect(global	● Model ○ 0 ○ 1
Create_Dummy_Poly	☑
Create_Guard_Ring	☑
Enable_outter_Ring	☑
multiplier	1
Adding_DMEXCL_Layer	☑
Hard_constrain	☑

(d) M_1、M_3（完全相同）

CDF Parameter	Value
Model name	pmos_rf
description	ard VT PMOS transistor
Length_per_Finger(M)	60n M
Width_per_Finger(M)	2.4u M
Total width(M)	19.2u M
Number_of_Fingers	8
SA(LOD_effect)_(M)	1.12233u M
SB(LOD_effect)_(M)	1.12233u M
SD(Fingers_Spacing)_(M)	240.0n M
Well_Proximity_Effect	auto
SCA	0.29321
SCB	1.06434e-12
SCC	1.05099e-24
Total Variation(totalflag)	• Model ○ 0 ○ 1
Local Mismatch Effect(misma	• Model ○ 0 ○ 1
Mismatch_Sigma	1
Global Variation Effect(global	• Model ○ 0 ○ 1
Create_Dummy_Poly	✓
Create_Guard_Ring	✓
Enable_outter_Ring	✓
multiplier	1
Adding_DMEXCL_Layer	✓
Hard_constrain	✓

(e) M₅

CDF Parameter	Value
Model name	pmos_rf
description	ard VT PMOS transistor
Length_per_Finger(M)	60n M
Width_per_Finger(M)	2.4u M
Total width(M)	19.2u M
Number_of_Fingers	8
SA(LOD_effect)_(M)	1.12233u M
SB(LOD_effect)_(M)	1.12233u M
SD(Fingers_Spacing)_(M)	240.0n M
Well_Proximity_Effect	auto
SCA	0.29321
SCB	1.06434e-12
SCC	1.05099e-24
Total Variation(totalflag)	• Model ○ 0 ○ 1
Local Mismatch Effect(misma	• Model ○ 0 ○ 1
Mismatch_Sigma	1
Global Variation Effect(global	• Model ○ 0 ○ 1
Create_Dummy_Poly	✓
Create_Guard_Ring	✓
Enable_outter_Ring	✓
multiplier	4
Adding_DMEXCL_Layer	✓
Hard_constrain	✓

(f) M₇

CDF Parameter	Value
Model name	rppolywo_rf
Total resistance(OHM	10.1318K Ohms
Entry_mode	l_&_w
Resistance(OHMS)	10.1318K Ohms
Width(M)	1.4u M
Length(M)	20u M
Create_Guard_Ring	✓
multiplier	1
Rsh(ohms/square)	694
Adding_DMEXCL_Lay	✓
Hard_constrain	✓
With Mismatch Effect	—
description	esistor without salicide

(g) R₀、R₁、R₂、R₃（完全相同）

CDF Parameter	Value
Model name	mimcap_um_sin_rf
Device Under mimca	—
description	.th under metal shielding
select CAP	MIM_1.0fF
Entry_mode	l_&_w
Approx. capacitance(	1.51668p F
Length(M)	38.0u M
Width(M)	38.0u M
multiplier	1
Hard_constrain	✓
With Mismatch Effect	—

(h) C₁、C₂、C₃（完全相同）

图 6-7　元件参数设置

完整的"PA"电路原理图如图 6-8 所示。

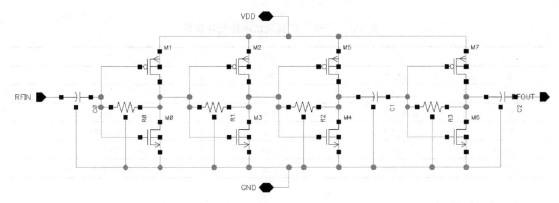

图 6-8　完整的"PA"电路原理图

注意：图 6-8 中 NMOS 管和 PMOS 管的 SUB 与对应的 SOURCE 连接在一起。

4．创建符号

在原理图编辑窗口中，通过"Create"→"Cellview"→"From cellview"创建符号，生成的符号如图 6-9 所示。

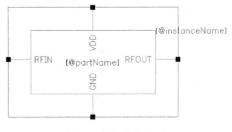

图 6-9　生成的符号

6.2.2　测试电路建立

在库管理器中，选择工作库，再通过"File"→"New"→"Cell View"新建一个工作表，并命名为"PA_TestBench"作为功率放大器的仿真测试电路。搭建"PA"仿真测试电路，如图 6-10 所示。

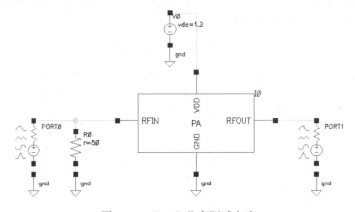

图 6-10　"PA"仿真测试电路

各元件参数设置如表 6-3 所示。

表 6-3 "PA"仿真测试电路元件参数

元件	库	模型	参数
I0	PA	PA	—
gnd	analogLib	gnd	—
V0	analogLib	vdc	DC voltage = 1.2V
R0	analogLib	res	$R = 50\Omega$
PORT0	analogLib	port	详细设置见 6.2.3 节
PORT1	analogLib	port	详细设置见 6.2.3 节

6.2.3 电路仿真

在仿真之前，需要对待仿真电路执行"Check and Save"，若没有问题，再进行下一步。

1. "hb"仿真——输出功率、输出频谱、功率附加效率仿真

按图 6-11 设置输入端(PORT0)和输出端(PORT1)。

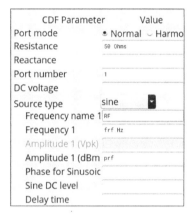

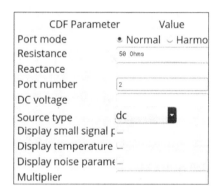

(a)输入端(PORT0)设置　　　　　(b)输出端(PORT1)设置

图 6-11　端口设置

在"Schematic Editor"窗口中，通过"Launch"→"ADE L"打开仿真器，确认工艺角为典型工艺(tt_lib)，为变量赋值，其中，frf=2.4G，prf= −20，如图 6-12 所示。

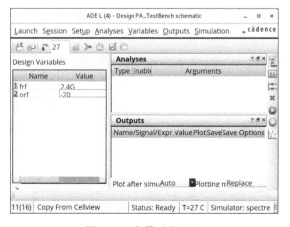

图 6-12　变量赋值(一)

　　在"ADE L"窗口中，通过"Analyses"→"Choose"，启动仿真设置窗口。选择仿真类型为"hb"。在"Number of Tones"中，设置"Fundamental Frequency"为"2.4G"；"Accuracy Defaults（errpreset）"选择为"moderate"；使能"Sweep"，"Variable Name"设置为"prf"，扫描范围设置为"–40"到"0"，"Step Size"为"2"，如图 6-13 所示。

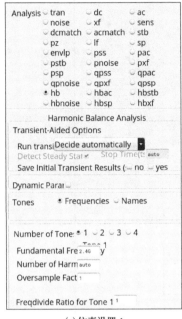
(a)仿真设置1

(b)仿真设置2

图 6-13　"hb"仿真器的设置（一）

　　此时"ADE L"窗口如图 6-14 所示。

　　开始仿真，待仿真结束后，在"ADE L"窗口中，单击"Result"→"Direct Plot"→"Main Form"。在"Direct Plot Form"对话框中，选择"Analysis"为"hb"；"Function"为"Power"；"Select"为"Port（fixed R（port））"；"Sweep"为"variable"；"Modifier"为"dBm"；"Output Harmonic"为"1 2.4G"。注意：设置完后，不要单击"OK"，而是在原理图中选择"PORT1"，即输出端口，如图 6-15 所示。

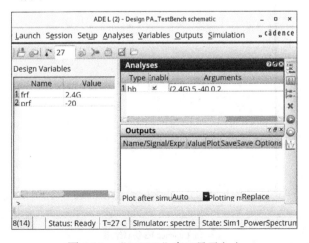

图 6-14　"ADE L"窗口显示（一）

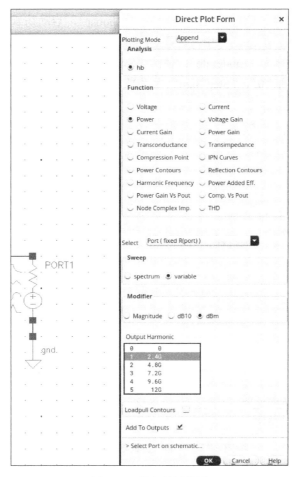

图 6-15　输出结果设置

显示结果如图 6-16 所示。

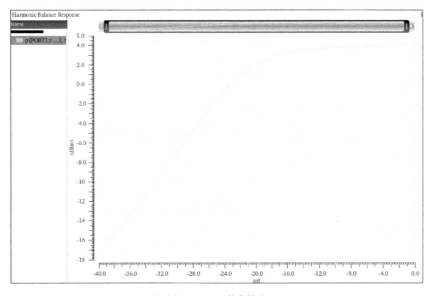

(a) Cadence IC 仿真结果

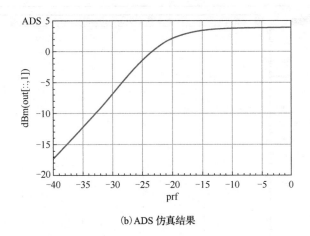

(b) ADS 仿真结果

图 6-16　输出功率仿真结果显示

仿真结果表明，该功率放大器小信号增益约为 22dB，饱和输出>0dBm。

关闭结果窗口，在"Direct Plot Form"对话框中，将"Sweep"改为"spectrum"；"Variable Value (prf)"选择为"-20"，在原理图中选择"PORT1"，即输出端口，如图 6-17 所示。

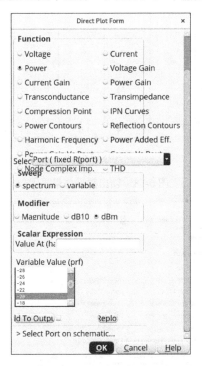

图 6-17　显示输出频谱设置

可以得到在-20 dBm 输入功率下的输出频谱，如图 6-18 所示。

关闭结果窗口，在"Direct Plot Form"对话框中，将"Function"改为"Power Added Eff."；"Select"为"Output, Input and DC Terminals"；"Output Harmonic"选择为"1 2.4G"，依次在原理图中单击"PORT1"、"PORT0"和"vdc"的正参考点(注意：是正参考点，而非端口本身)，就可以输出功率附加效率，设置和显示结果分别如图 6-19 和图 6-20 所示。

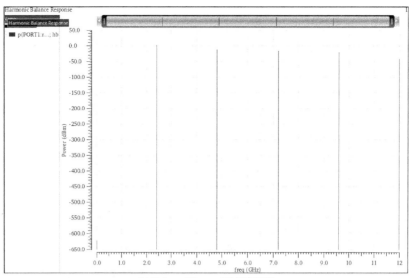

(a) Cadence Virtuoso IC 仿真结果

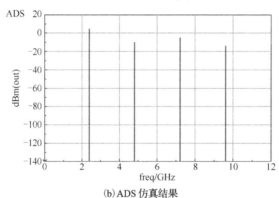

(b) ADS 仿真结果

图 6-18　输出频谱结果显示

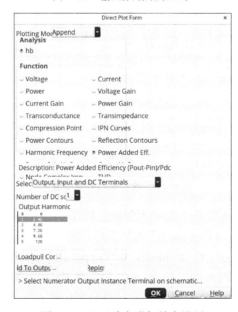

图 6-19　显示功率附加效率设置

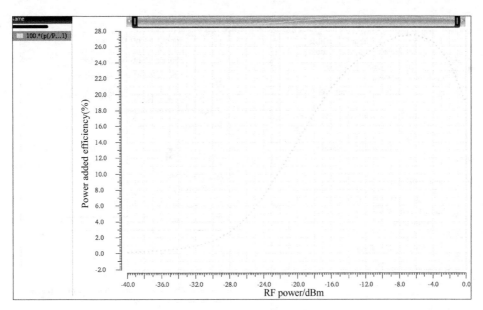

(a) Cadence Virtuoso IC 仿真结果

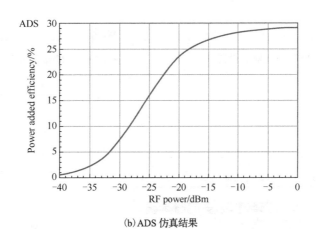

(b) ADS 仿真结果

图 6-20　功率附加效率结果显示

最后关闭窗口，将当前 ADE 保存为"Sim1_PowerSpectrumPAE_hb"。

2. "hbsp"仿真——稳定因子、S 参数仿真

打开"PA_TestBench"原理图，打开"ADE L"窗口，并对参数赋值。在"ADE L"窗口中，首先设置"hb"仿真器，不使能"Sweep"，其余和"hb"仿真——输出功率、输出频谱、功率附加效率仿真一致，如图 6-21 所示。

在"ADE L"窗口中，通过"Analyses"→"Choose"，选择仿真类型为"hbsp"。如图 6-22 所示设置频率范围和端口。

此时"ADE L"窗口如图 6-23 所示。注意：两个仿真器都需要使能。

开始仿真，待仿真结束后，在"ADE L"窗口中，单击"Result"→"Direct Plot"→"Main Form"。在"Direct Plot Form"对话框中，选择"Analysis"为"hbsp"，"Function"为"Kf"，单击"Plot"，如图 6-24 所示。

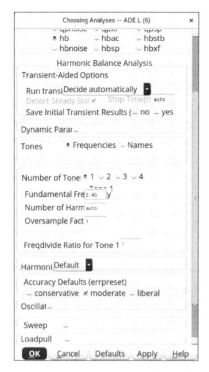

图 6-21　"hb"仿真器的设置(二)

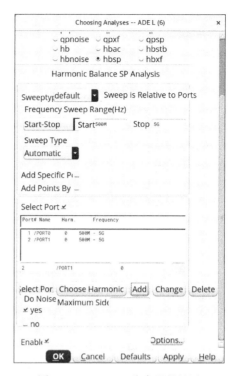

图 6-22　"hbsp"仿真器的设置

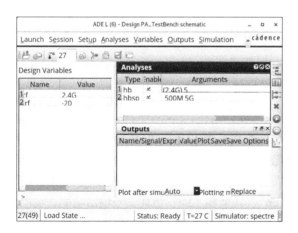

图 6-23　"ADE L"窗口显示(二)

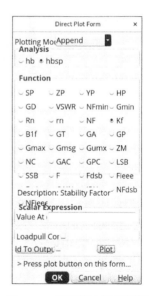

图 6-24　显示稳定因子设置

得到电路的稳定因子如图 6-25 所示。

关闭结果显示窗口。在"Direct Plot Form"对话框中,"Function"选择为"B1f",如图 6-26 所示。

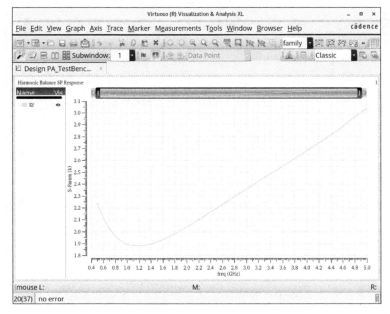

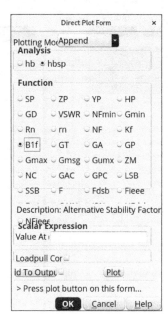

图 6-25　稳定因子仿真结果　　　　　　　　图 6-26　显示"B1f"设置

　　单击"Plot",结果如图 6-27 所示。

　　关闭结果显示窗口。在"Direct Plot Form"对话框中,"Function"选择为"SP","Plot Type"为"Rectangular","Modifier"为"dB20",如图 6-28 所示。依次输出"S11"、"S12"、"S21"和"S22",结果如图 6-29 所示。

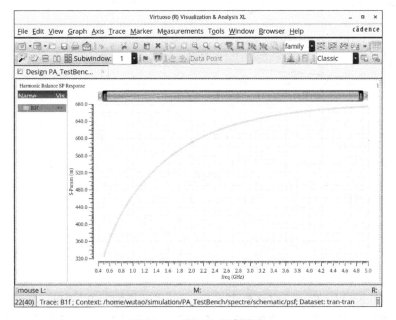

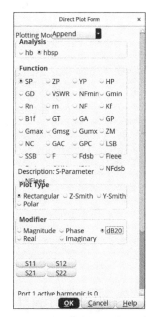

图 6-27　"B1f"仿真结果　　　　　　　　　图 6-28　显示 S 参数设置

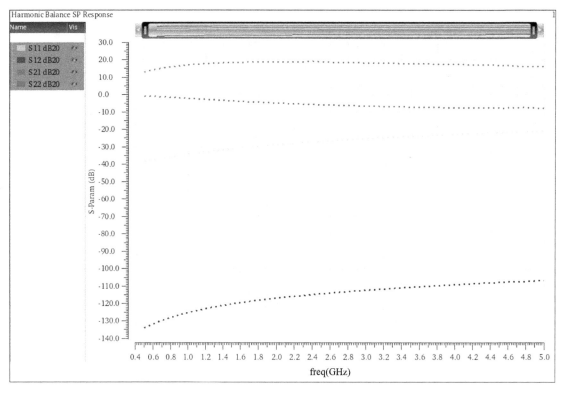

(a) Cadence Virtuoso IC 仿真结果

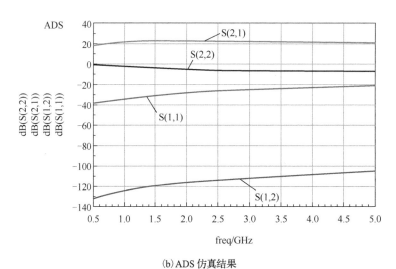

(b) ADS 仿真结果

图 6-29　S 参数仿真结果显示

　　关闭结果显示窗口。在"Direct Plot Form"对话框中,"Function"选择为"SP","Plot Type"为"Z-Smith",将"S11"结果输出,然后将"Plotting Mode"选择为"New SubWin",如图 6-30 所示。再将"S22"结果输出,结果如图 6-31 所示。

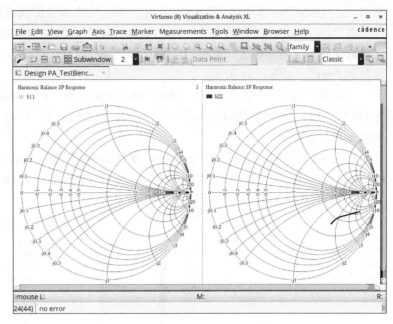

图 6-30　显示阻抗结果设置　　　　　　　　　　图 6-31　阻抗圆图仿真结果显示

关闭结果显示窗口。在"Direct Plot Form"对话框中，"Function"选择为"VSWR"，"Modifer"为"dB20"，如图 6-32 所示。将"VSWR1"和"VSWR2"结果输出，显示电压驻波比，如图 6-33 所示。

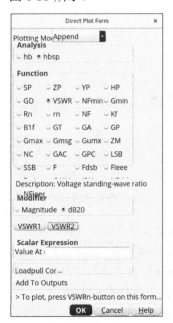

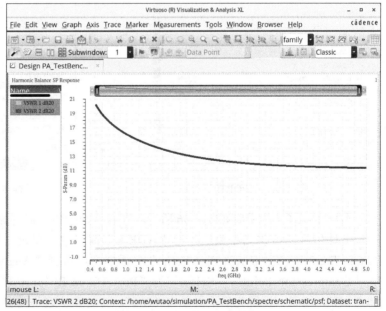

图 6-32　显示驻波设置　　　　　　　　　　　图 6-33　VSWR 仿真结果

最后关闭窗口，将当前 ADE 保存为"Sim2_SP_hbsp"。

3. "hbac"仿真——P1dB、IP3 仿真

Cadence Spectre 提供多种方法仿真电路的非线性，包括 1dB 压缩点（P1dB）和三阶交调截

断点等。"hbac"仿真是比较常用的方法，可以较快速地仿真出结果，并提供足够的精度。

　　将"PA_TestBench"另存为"PA_TestBench2"，修改"PORT0"输入端口的属性，在其余参数保持不变的基础上，使能"Display small signal parameter"，将"PAC Magnitude（dBm）"设置为"prf"，如图 6-34 所示。

　　修改原理图后，一定要单击"Check and Save"。在"PA_TestBench2"的原理图中，打开"ADE L"窗口，并对参数赋值和图 6-12 一致。在"ADE L"窗口中，首先设置"hb"仿真器，和图 6-13 一致。

　　在"ADE L"窗口中，通过"Analyses"→"Choose"，选择仿真类型为"hbac"。在"Harmonic Balance AC Analysis"中，设置"Input Frequency Sweep Range（Hz）"的类型为"Single-Point"，"Frequency"为"2.402G"，如图 6-35 所示。

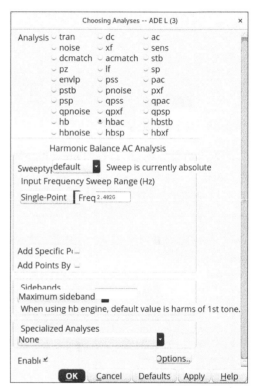

图 6-34　"PORT0"的设置　　　　　　　　图 6-35　"hbac"仿真器的设置

　　此时"ADE L"窗口如图 6-36 所示。注意：两个仿真器都需要选择"使能（Enable）"。

　　开始仿真，待仿真结束后，在"ADE L"窗口中，单击"Result"→"Direct Plot"→"Main Form"。在"Direct Plot Form"对话框中，选择"Analysis"为"hb"；"Function"为"Compression Point"；"Select"为"Port（fixed R（port））"；"1st Order Harmonic"为"1 2.4G"。注意：设置完后不要单击"OK"，而是在原理图中选择"PORT1"，即输出端口，如图 6-37 所示。

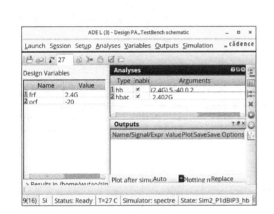

图 6-36　"ADE L"窗口显示(三)

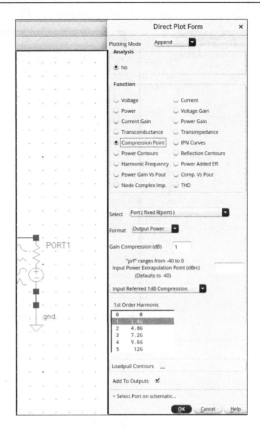

图 6-37　输出 P1dB 结果设置

得到该电路的输入 P1dB 为–14.47dBm，如图 6-38 所示。

同样的方式，选择为"Output Referred 1dB Compression"可以得到输出 P1dB 的结果，设置和显示结果分别如图 6-39 和图 6-40 所示。

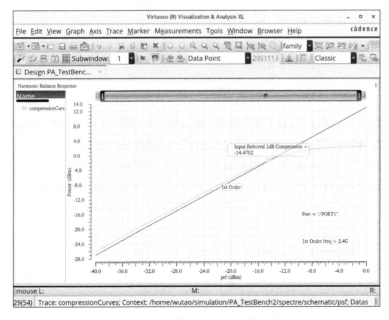

图 6-38　输入 P1dB 结果

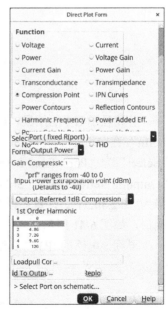

图 6-39　显示输出 P1dB 的设置

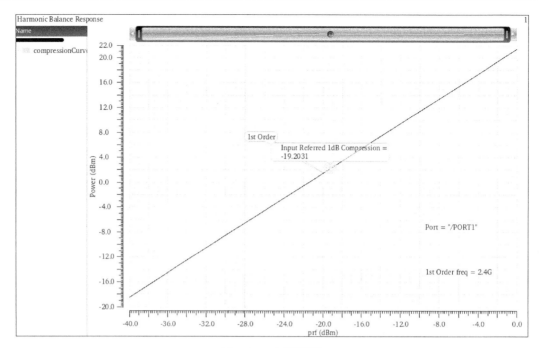

(a) Cadence IC 仿真结果

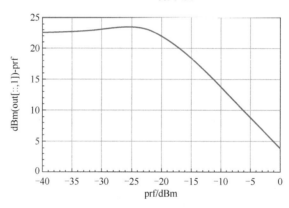

(b) ADS 仿真结果

图 6-40　输出 P1dB 的结果显示

　　若要显示 IP3 的结果，则需在"ADE L"窗口中，单击"Result"→"Direct Plot"→"Main Form"。在"Direct Plot Form"对话框中，选择"Analysis"为"hbac"；"Function"为"IPN Curves"；"Select"为"Port（fixed R（port））"；"Circuit Input Power"为"Variable Sweep（'prf'）"；选择"Output Referred IP3"；"3rd Order Harmonic"选择为"-2 2.398G"；"1st Order Harmonic"选择为"0 2.402G"。注意：设置完后不要单击"OK"，而是在原理图中选择"PORT1"，即输出端口，如图 6-41 所示。

　　得到该电路的 IP3 仿真结果，如图 6-42 所示。

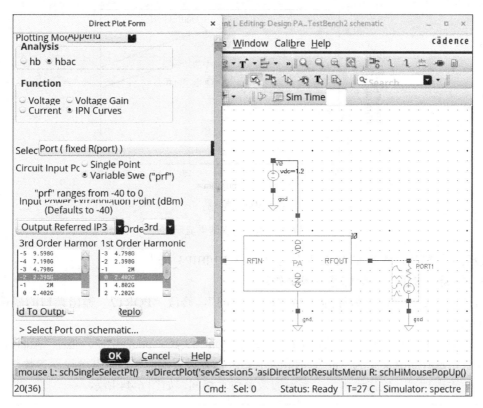

图 6-41　IP3 结果设置

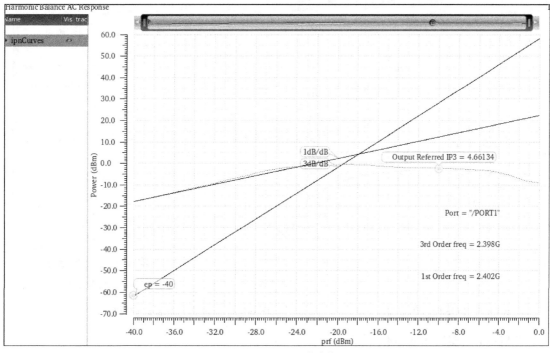

(a) Cadence Virtuoso IC 仿真结果

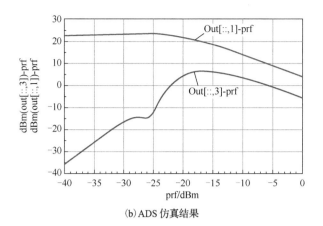

（b）ADS 仿真结果

图 6-42　IP3 仿真结果显示

最后关闭窗口，将当前 ADE 保存为 "Sim3_P1dBIP3_hb"。

4. "lssp" 仿真——大信号 S 参数仿真

将 "PA_TestBench" 另存为 "PA_TestBench3"，修改 "PORT2" 输出端口的属性，如图 6-43 所示。

在 "ADE L" 窗口中，对新加入的变量赋值，fout = 2.4G，pout = −12。通过 "Analyses" → "Choose"，选择仿真类型为 "hb"。使能 "LSSP"，并设置响应端口，其余设置参数与 "hb" 仿真——输出功率、输出频谱、功率附加效率仿真相同，如图 6-44 所示。

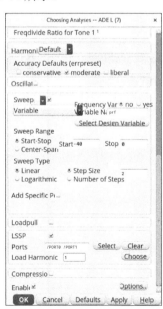

CDF Parameter	Value
Port mode	● Normal ○ Harmo
Resistance	50 Ohms
Reactance	
Port number	2
DC voltage	
Source type	sine
Frequency name 1	
Frequency 1	
Amplitude 1 (Vpk)	
Amplitude 1 (dBm	
Phase for Sinusoic	
Sine DC level	
Delay time	
Display second sinus	✔
Frequency name 2	FOUT
Frequency 2	fout Hz
Amplitude 2 (Vpk)	
Amplitude 2 (dBm	pout
Phase for Sinusoic	

（a）仿真设置 1　　　　　　　　　（b）仿真设置 2

图 6-43　"PORT2" 的设置　　　　　图 6-44　"hb" 仿真器的设置（三）

"ADE L" 窗口如图 6-45 所示。

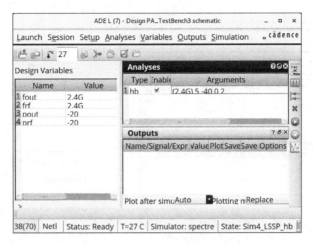

图 6-45 "ADE L"窗口(一)

开始仿真,待仿真结束后,在"ADE L"窗口中,单击"Result"→"Direct Plot"→"Main Form"。在"Direct Plot Form"对话框中,选择"Analysis"为"lssp";"Function"为"SP";"Plot Type"为"Rectangular";"Modifier"为"dB20",如图 6-46 所示,将大信号下 S 参数进行输出。

得到该电路在不同输入功率情况下的大信号 S 参数,如图 6-47 所示。

图 6-46 输出大信号 S 参数结果设置

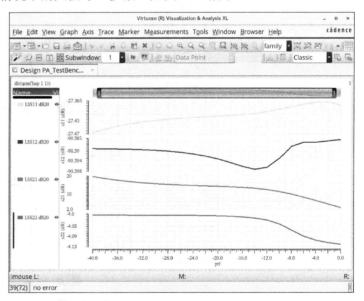

图 6-47 大信号 S 参数仿真结果

为了分别显示 4 根曲线,这里用到了"Graph"→"Split all Strips"。最后关闭窗口,将当前 ADE 保存为"Sim4_LSSP_hb"。

5."hb"仿真——LoadPull

打开"PA_TestBench"原理图,再打开"ADE L"窗口,这里通过"Variables"→"Edit"引入两个新的参数"mag"和"theta",并对参数进行赋值,如图 6-48 所示。

在"ADE L"窗口中,设置"hb"仿真器,设置"Fundamental Frequency"为"2.4G",如图 6-49 所示。

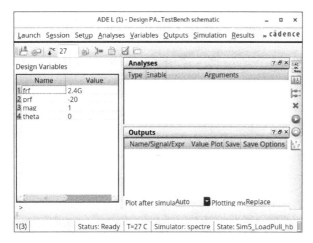

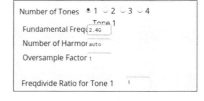

图 6-48　变量赋值(二)　　　　　　　　　图 6-49　"Fundamental Frequency"的设置

　　使能"Loadpull",通过"Select"选择"Load Instance"为"/PORT1",即对输出端做负载牵引,"rho(Z)"和"phi(Z)"分别通过"Variable"进行设置,"Z0"填入"50",如图 6-50 和图 6-51 所示。

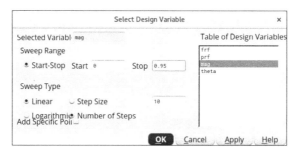

(a)参数设置 1

(b)参数设置 2

图 6-50　"Loadpull"参数设置

图 6-51　"Loadpull"的设置

使能"Sweep"，第一个扫描的变量为"mag"，从"0"扫到"0.95"，"Number of Steps"（点数）为"10"；第二个扫描的变量为"theta"，从"0"扫到"359"，点数为"10"，如图 6-52 所示。

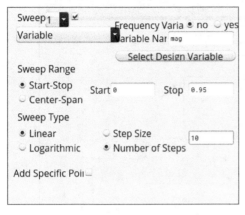 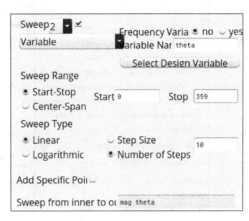

(a) "mag" 扫描设置　　　　　　　　　　　　　　(b) "theta" 扫描设置

图 6-52　"Sweep" 的设置

"ADE L"窗口如图 6-53 所示。

开始仿真，本次仿真持续时间较长，待仿真结束后，在"ADE L"窗口中，单击"Result"→"Direct Plot"→"Main Form"。在"Direct Plot Form"对话框中，选择"Analysis"为"hb"；"Function"为"Power Contours"；"Select"为"Single Power/Ref Terminal"；"Power Modifier"为"Magnitude"；"Output Harmonic"为"1"，然后选择"PORT1"（输出端）的正参考节点，如图 6-54 所示，得到如图 6-55 所示的结果。

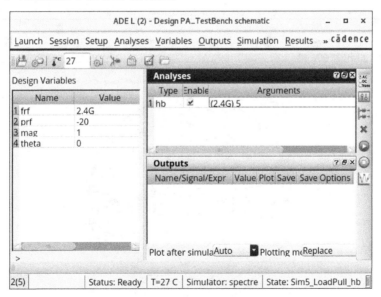

图 6-53　"ADE L" 窗口（二）

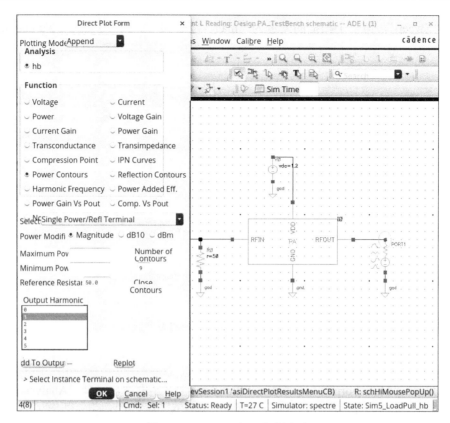

图 6-54 "LoadPull" 仿真设置

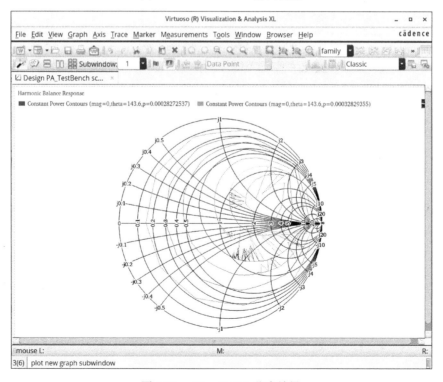

图 6-55 "LoadPull" 仿真结果

最后关闭窗口，将当前 ADE 保存为"Sim5_LoadPull_hb"。

6.3　小　　结

本章主要介绍了 CMOS 功率放大器的技术指标和典型电路结构，并以一个 2.4GHz 功率放大器为例，详细介绍了在 Cadence Virtuoso IC 设计平台下，功率放大器的设计和仿真基本流程，并给出相应的仿真结果。

第7章 接收机的设计

7.1 芯片设计

7.1.1 设计原理

本节介绍一种新的接收机混频方案,适用于接收宽带稀疏信号,采用三级低速的伪随机序列依次进行混频,每一组的低速伪随机序列虽然不能有效覆盖整个射频频带,但采用多级的结构可以依次不断把高频部分混频到低频段。对随机序列的要求是其不同频点傅里叶系数相关性尽可能差。此外,还可以根据射频输入信号的频谱分布,控制本振序列,调整本振频谱分布,实现可灵活配置的混频功能。电路结构包括一个低噪声放大器和三个级联的混频器,如图 7-1 所示。

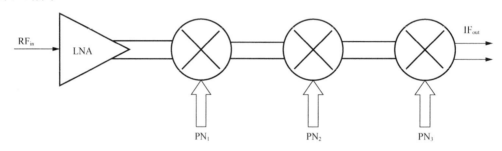

图 7-1 三级随机序列混频结构

由于整个接收机系统对混频模块的要求较高,因此选用吉尔伯特双平衡混频器,其端口隔离度、线性度较好,且可以提供一定的增益。吉尔伯特双平衡混频器要求差分的射频输入,所以第一级低噪放设计为单端转差分结构。

该系统本振信号为外部 FPGA 输入的数字信号。在实际传输过程中,由于信号的损耗会造成混频器的线性度恶化,所以需在电路中增加一级反向器,来对信号进行驱动整形。反向器瞬态仿真结果如图 7-2(b)所示,由 FPGA 输入的数字信号被整形成较为理想的 0 到 1.2V 摆动的方波。

考虑到测试需要和实际应用,需将混频器的差分输出转成单端输出。转换电路如图 7-3 所示,其对于正向信号表现为一个源跟随器,对于反向信号表现为一个共源放大器。该电路的输出与 50Ω 匹配时,由式(7-1)可得,输出电压相比于两路差分约有 6dB 的电压损耗。

$$\frac{V_{\text{out}}}{V_+} = \frac{R_{\text{L}}}{R_{\text{L}} + 1/g_{\text{m1}}}$$
$$\frac{V_{\text{out}}}{V_-} = -g_{\text{m2}}[(1/g_{\text{m}})//R_{\text{L}}]$$

$$(7-1)$$

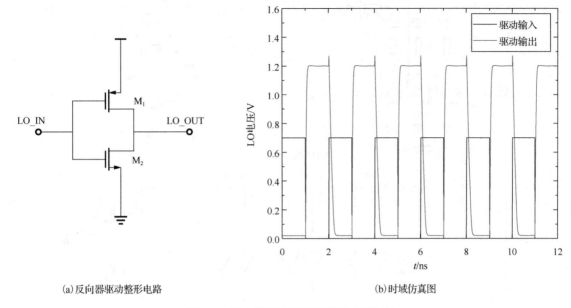

(a)反向器驱动整形电路   (b)时域仿真图

图 7-2 反向器驱动整形电路和时域仿真

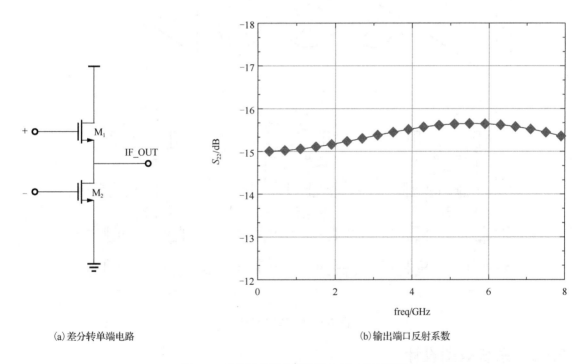

(a)差分转单端电路   (b)输出端口反射系数

图 7-3 差分转单端电路和输出端口反射系数

基于第 4、5 章所述的 LNA 和混频器电路结构,接收机系统电路采用图 7-4 所示结构。LNA 输出通过级间耦合电容连接到混频器的输入端。混频器电路包括三个相同的混频器,各混频器之间通过 MIM 电容耦合。本振为 FPGA 产生的数字信号,经驱动整形后输入混频器开关管栅极,第三级混频器差分输出转成单端后输出到片外。

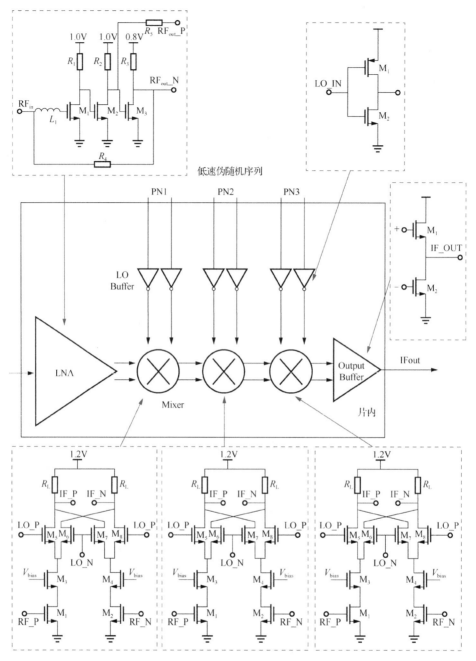

图 7-4 系统集成设计

7.1.2 系统版图设计

完成原理图设计且仿真结果满足目标后，可进行版图的设计。版图包含了芯片每一层的物理信息和几何形状，工艺厂商据此制造掩膜版，通过扩散、离子注入、沉积、氧化、光刻等复杂工艺流程生产芯片。

版图设计首先需要根据各器件面积进行布局规划，按照电源和信号输入输出路径摆放 PAD，布局应尽量紧凑。各功能电路对应单独的 PAD，其中含有电源、地和射频 I/O 端口，电源除为内部电路供电，还为 PAD 中的 ESD（静电防护）电路供电。射频 I/O 端口 PAD 和电源 PAD 间应加入接地 PAD 进行隔离。各 PAD 间有 Filler 或 Corner 连接，在面积允许时应选宽度大的连接，便于测试时键合金丝。

不同于数字和低频模拟版图，信号频率较高时走线间相互耦合影响更大，设计版图需严格遵循布线技巧，且有必要对电感、长射频走线及射频输入/输出 PAD 做电磁仿真。设计版图需要注意以下规则。

（1）在选择设计晶体管时，尽量缩短多晶硅作为导线的长度，采用电阻率较小的金属走线。MOS 管选取叉指结构，降低栅极寄生阻抗，合理分配 Multiplier 和 Finger 的数量，尽量使晶体管长宽接近，避免晶体管版图太长或者太宽。

（2）元件对称摆放，适当增加 Dummy 单元，提高匹配度。

（3）直流走线先满足 DRC 规则，过孔和走线应考虑电流密度，例如，对于 GSMC 0.13μm CMOS 工艺，顶层金属可以承受的电流密度最大，为 4.5 mA/μm，其他层为 1 mA/μm。

（4）金属层数越高，寄生电容越小，故设计高 Q 值的电感电容，采用顶层或次顶层金属。

（5）射频线采用顶层最厚的金属以降低损耗，走线尽可能短，建议 45°渐变拐弯，避免 90°直角拐弯。不同信号线不可平行，减少线与线间的耦合。平行走线间距至少大于三倍线宽。

（6）对关键信号线应做屏蔽处理，四周接地保护。不同模块间加入 Guard ring 作为隔离，减小衬底噪声耦合。

完成电路核心部分设计后，将空余部分用图 7-5 所示的去耦电容填充。充分利用每一层金属设计叉指电容，将其上下极分别接电源和地，既解决了电源去耦问题，又满足了工艺 DRC 对每层金属密度的要求。同时，为处理多晶硅层密度，去耦电容也采用 MOS 电容阵列，栅极接电源，漏源接地。

合理规划信号走线和元件、输入/输出 PAD 位置，经 DRC 检查以保证芯片版图符合工艺厂商加工规则，设计好的电路版图如图 7-6 所示，总面积为 0.8 mm×0.6 mm。

图 7-5　去耦电容立体图

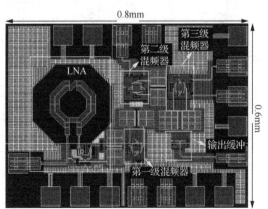
图 7-6　接收机整体系统版图

7.1.3　版图后仿真结果分析

版图设计完成后，用 Calibre 软件提取晶体管、电阻、电容寄生参数，采取 R+C+CC 模式，着重考虑寄生电阻、寄生电容以及耦合电容。对敏感信号线、长射频走线、射频 PAD 做电磁仿真，将仿真后的多端口 S 参数文件导入原理图进行联合后仿真，如图 7-7 所示。对比电路前仿真结果和后仿真结果，反复优化版图，至后仿真结果满足设计要求。

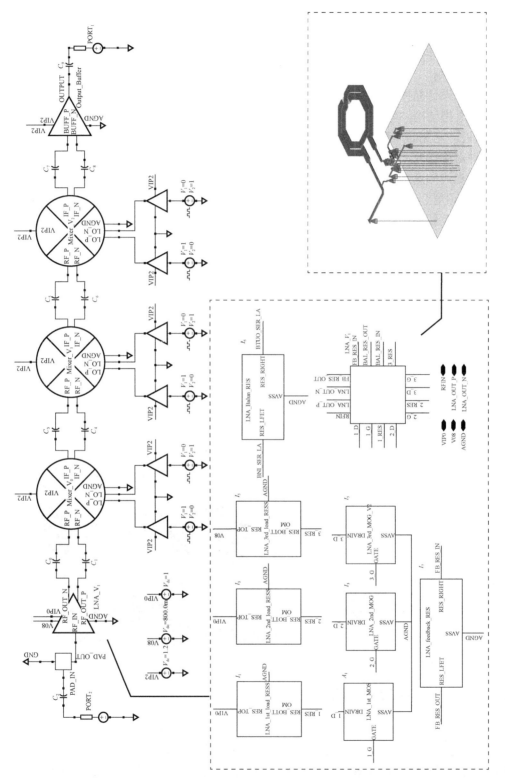

图 7-7 整体电路后仿真说明

对比 LNA 电路前后仿真增益、噪声系数，如图 7-8 所示。后仿真增益在高频处下降较快，但整体趋势与前仿真一致。后仿真噪声系数相较于前仿真略微增大，原因是后仿真中考虑了输入端电感和射频线的寄生电阻。

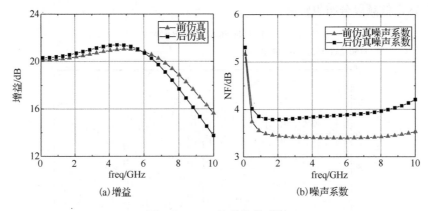

(a) 增益   (b) 噪声系数

图 7-8 LNA 前后仿真对比

多次混频要求混频器有较宽的中频响应。表征混频器带宽的两种方式如下：固定中频 100 MHz，仿真扫描射频和本振同时变化，对应转换增益；固定本振 500 MHz，只改变射频频率，仿真转换增益随射频频率变化，如图 7-9 所示。

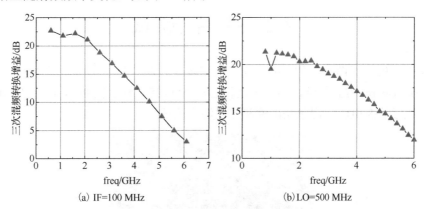

(a) IF=100 MHz   (b) LO=500 MHz

图 7-9 系统转换增益

由于用 Calibre 和 ADS momentum 提参后数据文件很大，仿真 IIP3 易出现不收敛的情况，故采用输出 1dB 压缩点来表征系统线性度。在三路本振均为 500MHz 时，后仿真得系统的输出 1dB 压缩点如图 7-10 所示。

由于三个混频器同时工作，输出信号频谱成分复杂，如中频处的某一频点可能来自多种上下混频的结果，按传统定义得到的线性度不佳。而且没有可变增益放大器对链路增益进行调整，导致系统动态范围有限。

同时进行低速序列混频仿真，采用差分数字本

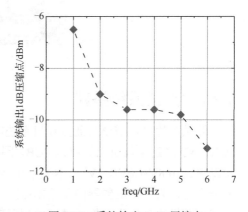

图 7-10 系统输出 1 dB 压缩点

振，第一级混频器 10 位本振序列"0100111001"，速率为 500Mbit/s；第二级混频器 11 位本振序列"00101011010"，速率为 550Mbit/s；第三级混频器 12 位本振序列"010011100101"，速率为 600Mbit/s；射频输入 2.4 GHz，中频以 50 MHz 等间隔输出，如图 7-11 所示。可看出输出频谱较宽，低频段分布也较强。

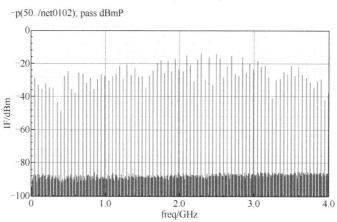

图 7-11   序列混频仿真

7.2   芯 片 测 试

芯片加工方根据版图导出的 GDS 文件加工流片，芯片显微镜照如图 7-12 所示。采用 COB（Chip on Board）方式封装，通过金丝将芯片 PAD 键合到测试 PCB 上，实现电气连接。对前端芯片进行静态电流、混频功能性和序列混频测试。

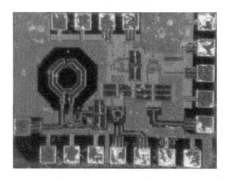

图 7-12   芯片显微镜照

7.2.1   测试系统搭建

测试芯片时，需要将此接收机系统芯片的射频输入、中频输出、差分本振输入和偏置电源等 PAD 通过金丝引出到测试 PCB，因此需要设计专用的转接板电路。测试电路板包括线性电源单元（0.8V/1.0V/1.2V）、本振单元（外部 500MHz 信号通过放大器、三路功分器和单端转差分巴伦作为三个混频器的差分本振），如图 7-13（a）所示。另一种测试方案为 FPGA 产生三路差分随机序列作为本振，进行序列混频，如图 7-13（b）所示。

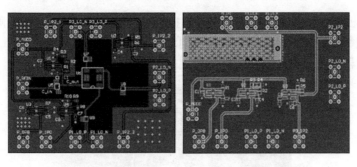

(a)信号源本振转接板　　　　(b)FPGA 本振转接板

图 7-13　PCB 版图

分别采用 0.6mm 厚的双层 RF4 电路板和 1.6mm 厚的四层 RF4 电路板设计两种测试方案的电路板,将待测芯片通过金丝键合到测试电路板上,通过 SMB 接头连接测试 PCB 板和芯片键合 PCB 板,如图 7-14 所示。

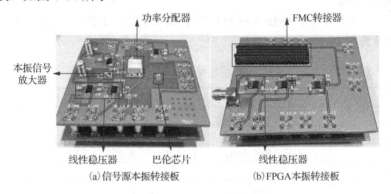

(a)信号源本振转接板　　　　(b)FPGA 本振转接板

图 7-14　PCB 实物

测试系统如图 7-15 所示,测试仪器有直流稳压电源、罗德与施瓦茨 SMJ100 矢量信号发生器、罗德与施瓦茨 FSW 频谱仪、Xilinx FPGA 开发板。以上仪器均通过计算机进行编程控制和数据处理。

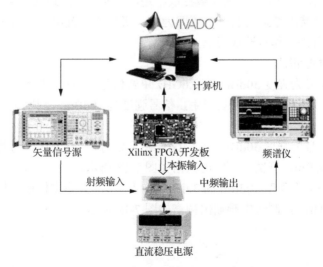

图 7-15　测试系统介绍

FPGA 开发板结合外部射频板提供单音本振信号，进行系统混频功能性测试。FPGA 开发板通过编程配置数字序列本振输出，进行序列混频测试。

采用上述仪器设备，搭建的测试环境如图 7-16 所示。

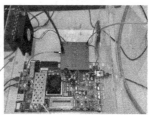

图 7-16　测试环境介绍

7.2.2　测试结果分析

1. 静态电流测试

共采用了 5 个供电引脚，电压分别为 0.8V、1V、1.2V、1.2V、1.2V，表 7-1 给出了具体供电电路以及仿真和实测静态电流对比。

表 7-1　静态电流测试

电源引脚	供电电路	仿真电流/mA	测试电流/mA
0.8V	LNA	1.47	1.58
1V	LNA	7.81	8.33
1.2V	Mixer+输出 Buffer	5.15	5.43
1.2V	Mixer	2.61	2.64
1.2V	Mixer	2.64	2.41

通过测试结果比较，实测静态电流和仿真静态电流略有不同，推测有以下原因。

(1) 电阻精度不高，工作状态下受温度变化影响，阻值发生变化，导致分压偏差，影响晶体管静态工作点。

(2) 芯片内部电源线寄生电阻的参数提取不足，金属线内阻造成影响。

(3) LNA 的三级晶体管漏极输出电压即为下一级栅极偏置电压，其中一级工作状态发生改变会对后级电路静态工作点造成影响。

2. 基本混频性能测试

(1) 射频输入信号为强度 30dBm 的 0.6GHz 单音信号，三路本振信号均为 500MHz 单音信号，由信号源转接板经放大、功分后产生，信号强度为 10dBm，测试中频输出频谱如图 7-17 所示。

(2) 射频输入信号为强度 30dBm 的 2.4GHz 单音信号，三路本振信号均为 500MHz 单音信号，信号强度为 10dBm，测试中频输出频谱如图 7-18 所示。

(3) 射频输入信号为强度 30dBm 的 3.6GHz 单音信号，三路本振信号均为 500MHz 单音信号，信号强度为 10dBm，测试中频输出频谱如图 7-19 所示。

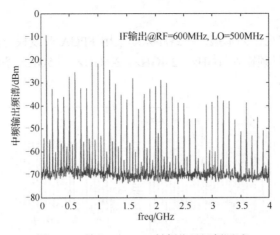

图 7-17　输入 0.6 GHz 射频信号混频测试

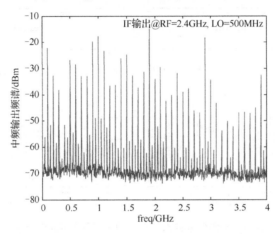

图 7-18　输入 2.4 GHz 射频信号混频测试

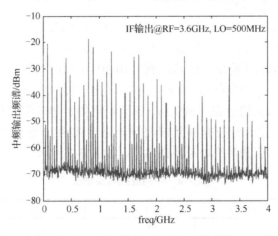

图 7-19　输入 3.6 GHz 射频信号混频测试

　　混频功能的本质是射频信号和开关函数相乘，射频输入信号会和本振信号以及其各奇次谐波混频得到和频和差频成分。因此这样连续三次混频后，得到的中频频谱输出很宽。从图 7-17 到图 7-19 可以看出，从中频输出频谱分析，整个链路可以实现混频功能，低频段分布信号强度较大。

3. 序列混频测试

采用数字伪随机序列作为本振，三路序列均采用 FPGA 开发板外部提供，分别测试在射频输入功率–30dBm，射频输入 1GHz、2.4GHz、3.6GHz、5.5GHz 条件下的中频输出频谱，得到结果如图 7-20 所示。

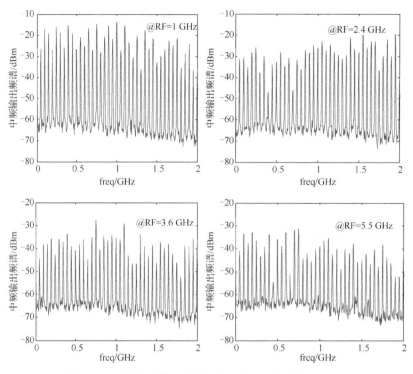

图 7-20　不同射频输入条件下的多级序列混频输出（一）

（1）数字序列三路分别如下。

本振序列一：500 Mbit/s 速率，10 位序列"1011010110"。

本振序列二：550 Mbit/s 速率，11 位序列"01101101001"。

本振序列三：600 Mbit/s 速率，12 位序列"101011010101"。

从图 7-20 可以看出，中频频谱分布范围很广，在低频段也有较强的分布。随着射频信号频率的增加，中频在低频段的分布开始减弱，原因是混频器的寄生电容导致高频段增益下降。宽带混频后，稀疏的射频信号被搬移到低通频段进行线性混叠，因此给出低频 50MHz、100MHz 两处中频输出对应的转换增益测试结果，如表 7-2 所示。

表 7-2　序列混频转换增益

转换增益/dB	1 GHz	2.4 GHz	3.6 GHz	5.5 GHz
IF@ 50 MHz	3.5	−1	−14	−10
IF@100 MHz	13	0	−8	−3

（2）本振序列本身对中频频谱分布也有影响，改变序列为如下配置。

本振序列一：速率 500 Mbit/s，10 位序列"0100111001"。

本振序列二：速率 550 Mbit/s，11 位序列"00101011010"。

本振序列三：速率 600 Mbit/s，12 位序列"010011100101"。

测试得到的中频频谱如图 7-21 所示。

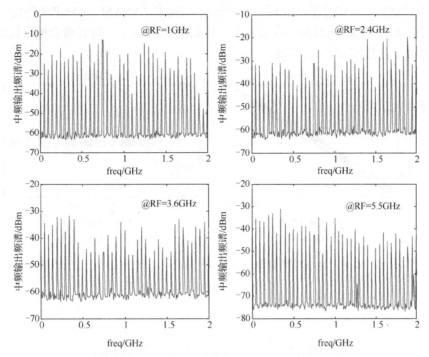

图 7-21　不同射频输入条件下的多级序列混频输出(二)

同样，给出在第二种序列模式下，低频 50MHz、100MHz 两处中频输出对应的转换增益测试结果，如表 7-3 所示。

表 7-3　序列混频转换增益

转换增益/dB	1GHz	2.4GHz	3.6GHz	5.5GHz
IF@ 50MHz	6	−1.7	−4.5	−3.5
IF@100MHz	2	2.2	−8.7	−6.4

对比表 7-2、表 7-3 可以看出，随着射频频率增加，转换增益基本呈下降趋势，转换增益同时受随机序列模式影响，因此为了获得理想的中频输出频谱，需要对序列进行进一步优化，尝试不同种类的"1""0"组合。

在本部分(1)中的序列模式下，测试到 40MHz 的混频转换增益和输入 P1dB 如图 7-22 所示。

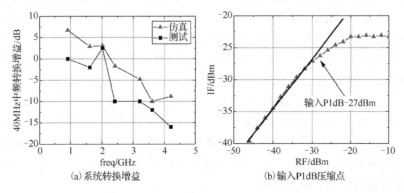

(a) 系统转换增益　　　　　(b) 输入P1dB压缩点

图 7-22　测试结果

输入信号为 5MHz 的 WCDMA 宽带调制信号，载波 910MHz 下，测试系统混频性能，取 40MHz 处中频输出，经信号采集处理后，对比输入/输出 AM-AM、AM-PM 特性，如图 7-23 所示，同时对比归一化时域波形，截取其中一段如图 7-24 所示，两者吻合程度较好，计算得 到的归一化均方误差 NMSE 为-27dB。

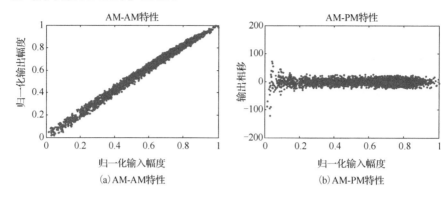

图 7-23   5MHz WCDMA 宽带调制信号输入下系统输入/输出 AM-AM、AM-PM 特性

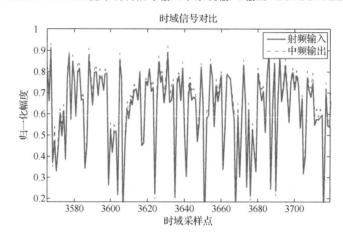

图 7-24   输入/输出宽带信号时域对比

7.3 小   结

本章主要介绍了一种三级低速的随机序列依次混频的接收机结构，其结合了前面设计的 栅极电感峰化 LNA 和 Gilbert 混频器。针对前级带有反馈电阻的 LNA，在混频器输入跨导级 引入共源共栅组态，提高本振到射频端口的隔离度，作为系统混频器的使用。然后进行系统 级联设计，最后给出了进行后仿真验证的结果，后仿真结果包括 LNA 的增益和噪声系数、整 体电路的混频增益、线性度、系统序列混频。

随后对芯片进行测试设计，采用 COB 封装，将裸片通过金丝键合在测试电路板上，利用 实验室的仪器和 FPGA 开发板搭建测试系统。首先测试静态电流，确保芯片正常工作。之后 设计了两种混频测试方案，采用单音信号源本振测试芯片的基本混频功能，采用伪随机序列 本振测试实际混频效果。分别设计了对应的测试电路板，并对测试结果进行分析，实验结果 表明该射频前端系统实现了基本功能。

参 考 文 献

贝克, 2014. CMOS 集成电路设计手册(模拟电路篇)[M]. 3 版. 张雅丽, 朱万经, 张徐亮, 译. 北京: 人民邮电出版社.

波扎, 2006. 微波工程[M]. 3 版. 张肇仪, 周乐柱, 吴德明, 等译. 北京: 电子工业出版社.

陈邦媛, 2002. 射频通信电路[M]. 北京: 科学出版社.

陈铖颖, 杨丽琼, 王统, 2013. CMOS 模拟集成电路设计与仿真实例——基于 Cadence ADE[M]. 北京: 电子工业出版社.

拉扎维, 2018. 模拟 CMOS 集成电路设计[M]. 2 版. 陈贵灿, 程军, 张瑞智, 等译. 西安: 西安交通大学出版社.

李缉熙, 2007. 射频电路与芯片设计要点[M]. 王志功, 译. 北京: 高等教育出版社.

李缉熙, 2011. 射频电路工程设计[M]. 鲍景富, 唐宗熙, 张彪, 译. 北京: 电子工业出版社.

路德维格, 波格丹诺夫, 2013. 射频电路设计——理论与应用[M]. 2 版. 王子宇, 王心悦, 等译. 北京: 电子工业出版社.

尚鹏飞, 2017. 压缩感知接收机射频前端集成电路设计[D]. 成都: 电子科技大学.

孙晶茹, 2014. 超宽带低功耗射频接收机前端电路的研究与设计[D]. 长沙: 湖南大学.

万嘉月, 2018. K 波段 CMOS 接收机前端关键技术的研究[D]. 北京: 北京理工大学.

肖华清, 2012. 射频接收前端关键元器件及系统集成研究[D]. 成都: 西南交通大学.

徐兴福, 2014. ADS2011 射频电路设计与仿真[M]. 北京: 电子工业出版社.

张胜洲, 2016. 毫米波单片集成混频器的设计及其小型化[D]. 杭州: 浙江大学.

ABIDI A A, 2004. RF CMOS comes of age[J]. IEEE journal of solid-state circuits, 39(4): 549-561.

BEVILACQUA A, NIKNEJAD A M, 2004. An ultra-wideband CMOS LNA for 3.1 to 10.6 GHz wireless receivers[C]. 2004 IEEE international solid-state circuits conference, San Francisco: 382-533.

BEVILACQUA A, NIKNEJAD A M, 2004. An ultrawideband CMOS low-noise amplifier for 3.1-10.6-GHz wireless receivers [J]. IEEE Journal of solid-state circuits, 39(12): 2259-2268.

LAI X L, YUAN F, 2011. A comparative study of low-power CMOS Gilbert mixers in weak and strong inversion[C].2011 IEEE 54th international midwest symposium on circuits and systems（MWSCAS）, Seoul:1-4.

LONGHI P E, PACE L, COLANGELI S, et al, 2019. Technologies, design, and applications of low-noise amplifiers at millimetre-wave: state-of-the-art and perspectives[J].Electronics, 8(11):1-18.

MILIOZZI P, KUNDERT K, LAMPAERT K, P, et al., 2000. A design system for RFIC: challenges and solutions[J]. Proceedings of the IEEE, 88(10): 1613-1632.

MOHEBI Z, PARANDIN F, SHAMA F, et al., 2020. Highly linear wide band low noise amplifiers: a literature review（2010-2018）[J].Microelectronics journal, 95:1-14.

RAO P Z, CHANG T Y, LIANG C P, et al., 2009. An ultra-wideband high-linearity CMOS mixer with new wideband active baluns [J]. IEEE transactions on microwave theory and techniques, 57(9): 2184-2192.

ROOBERT A A, RANI D, 2019. Survey on parameter optimization of mobile communication band low noise amplifier design[J].International journal of RF and microwave computer-aided engineering, 29(7): 1-16.

TSAI J H，WU P S, LIN C S, et al., 2007. A 25-75 GHz broadband Gilbert-cell mixer using 90-nm CMOS technology[J]. IEEE microwave and wireless components letters, 17(4): 247-249.

WANG Y J, HAJIMIRI A, 2009. A compact low-noise weighted distributed amplifier in CMOS[C]. 2009 IEEE international solid-state circuits conference-digest of technical papers, San Francisco: 220-221, 221a.

WU C R, HSIEH H H, LU L H, 2007. An ultra-wideband distributed active mixer MMIC in 0.18-μm CMOS technology [J]. IEEE transactions on microwave theory and techniques, 55 (4): 625-632.